U0461423

久弥新的君子之道

严淑红／著

知识产权出版社
全国百佳图书出版单位
——北京——

图书在版编目（CIP）数据

历久弥新的君子之道／严淑红著. —北京：知识
产权出版社，2024. 9. —ISBN 978－7－5130－9490－0

Ⅰ. B825

中国国家版本馆 CIP 数据核字第 2024KQ5147 号

责任编辑：彭小华   责任校对：潘凤越

封面设计：张国仓   责任印制：孙婷婷

历久弥新的君子之道

严淑红 著

出版发行：**知识产权出版社**有限责任公司 网 址：http：//www. ipph. cn

社 址：北京市海淀区气象路 50 号院 邮 编：100081

责编电话：010－82000860 转 8115 责编邮箱：huapxh@ sina. com

发行电话：010－82000860 转 8101/8102 发行传真：010－82000893/82005070/82000270

印 刷：北京九州迅驰传媒文化有限公司 经 销：新华书店、各大网上书店及相关专业书店

开 本：880mm×1230mm 1/32 印 张：6. 375

版 次：2024 年 9 月第 1 版 印 次：2024 年 9 月第 1 次印刷

字 数：152 千字 定 价：58. 00 元

ISBN 978－7－5130－9490－0

前　言

　　中华优秀传统文化是中华民族生存的智慧之源、立身之本。中华民族在漫长的历史进程中，不断探索、总结、革新，创造出独具民族特色的文化，推动着中华民族繁衍生息、不断前进，创造了举世瞩目的成就。中华优秀传统文化是世界文化史上璀璨的瑰宝，至今仍焕发出无限生机和活力，推动中华民族革故鼎新、拾级而上。弘扬和创新中华优秀传统文化，是中华民族在新时代培根固本铸魂的必要之举。

　　在全球化浪潮下，世界各民族文化相互交融、交流、交战。文化之间的碰撞产生的影响是深远的，无形的，巨大的。美国学者亨廷顿曾经预言 21 世纪是文明冲突的世纪，现在看来这种说法有夸张之嫌，但也确实指出了 21 世纪世界各民族文化之间的分歧和矛盾。对于中华民族来说，中华文化自成体系，包罗万象，博大精深，在面对世界各民族文化的交融、交流中有着极大的优势和自信，能够兼收并蓄和吐故纳新。不可否认，外来文化对中华优秀传统文化造成了一定的冲击和挑战，给中华优秀传统文化的继承、传播、弘扬带来了一些负面影响，如果任由外来文化肆意横行，中华优秀传统文化就有可能失去话语权。

中华优秀传统文化扎根于中华大地，在特定的时空背景下产生并发展，具有很强的稳定性和适应性。稳定性表现在，当近代中国被迫打开国门，受到外来文化冲击的时候，没有手足失措，无所适从。适应性表现在，中国人不断探索救亡图存的道路，直到中国共产党成立，才终于找到一条通往胜利的革命道路。在中国共产党的带领下，中国人民从站起来、富起来到强起来，中华优秀传统文化逐步展现出时代的魅力。

在全球化的浪潮下，外来文化给中华优秀传统文化带来了冲击，尤其是欧美等发达国家和地区的一些自由主义思潮对当代中国的年轻人产生了一些影响，令其在世界观、人生观、价值观方面出现一定的偏移。当代中国正处于改革开放、中华民族伟大复兴的征程中，船到中流浪更急，人到半山路更陡，遇到一些困难和挑战是可以理解的，但我们必须坚定中华优秀传统文化的信心和信念，否则就会前功尽弃。教育和引导当代中国青少年坚定文化自信，树立正确的文化观，坚守和践行社会主义核心价值观，弘扬中华优秀传统文化，具有时代意义和战略意义。

中华优秀传统文化的人格载体是君子，君子人格是中国社会的道德高标，是时代楷模。君子文化是中华优秀传统文化的集大成者，尽管中华传统文化流派纷呈，但在君子文化方面，各家各派却具有极大的相似性和共通性，都把伦理道德作为修身的前提和基础。在儒家经典著作《论语》中，"君子"一词出现了107次之多。被认为是道家思想之源的《易经》，也有关于"君子"

一词的记录，出现大约 20 次。而对《易经》进行解释的《易传》，"君子"一词出现 90 多次。辜鸿铭先生曾说："孔子全部的哲学体系和道德教诲可以归纳为一句话，即'君子之道'。"❶ 余秋雨先生也曾经这样说："近代中国尽管遭遇各种不幸，中国文化没有沦丧的最终原因，就是君子未死，人格未溃。"❷ 长久以来，君子人格一直是国人道德追求的榜样，支撑和引领中国社会的道德建设。

笔者从事思想理论教学和科研三十年，在教学科研过程中，深切感受到当代社会成员加强思想道德建设的必要性和重要性。党的二十大报告强调，要"传承中华优秀传统文化，满足人民日益增长的精神文化需求"，同时要"用社会主义核心价值观铸魂育人"。中华优秀传统文化是涵养社会主义核心价值观的重要源泉，是培养中国特色社会主义时代新人的重要资源。"君子"作为中国士大夫理想人格的化身，承载了人们对有修养、有能力、有品位、有追求的人格的美好向往。党员干部作为"有位者"，已有君子之名，必须修身律己、廉洁齐家，培养现代文明人格，永葆共产党人的政治本色。把自己进德修业的过程比作琢玉之过程，涵养高尚品德，从而上行下效，以党风促政风带民风。纵观党的百年奋斗历程，有很多"宁为玉碎，不为瓦全"的君子。对于领导干部而言，在待人接物时应做到温和有礼，待人和煦，举止从容有度，给人如沐春风之感。身处领导岗位，必须把自己当作人民公仆，不可自以为是，忘乎所以，对群众高高在上，在群众面前"打官腔、耍官威"。新时代的党员干部应向古圣先贤学习，做到见贤思

---

❶ 辜鸿铭著，黄兴涛等译：《辜鸿铭文集》，海南出版社，2000，第 212 页。

❷ 余秋雨著：《君子之道》，北京联合出版公司，2021，第 26 页。

齐，合理看待工作中的苦与乐，把个人得失放小、把群众忧喜放大。要学会苦中作乐、甘之如饴，不论逆境还是顺境，始终坚守为民情怀，不畏惧任何风险，自觉做共产主义远大理想的坚定信仰者、忠诚实践者。

目
录

CONTENTS

导　论

何为君子?

君子是中国社会的人格理想,道德楷模。做个君子,也就是做个合格的、理想的中国人,是对社会大众的道德要求,也是基本的价值规范。如果说圣徒、骑士、绅士、牛仔是西方文化人格的表征,那么"君子"就是中华文化人格的表征。君子在言行举止、修身处世、为官为学等方面的素养、境界、态度、认识等都成为社会大众学习向往的目标。确切地说,君子在道德上是高尚的,行为上是积极的,思想上是进步的,认识上是深刻的。君子在日常小事上表现出深明大义,在国家民族大事上表现出高风亮节,在大是大非关键时刻又表现出清醒明白。小事上,君子以人格力量上的感染力为社会大众排忧解难;大事上,君子以思想境界鼓舞和推动国家民族发展进步。在中华民族发展进步的漫长历史中,无数君子充当了历史的急先锋,因此余秋雨先生说:中国文化没有沦丧的最终原因,就是君子未死,人格未溃。

何为君子,据考证,君子一词最早见于《尚书》,流行于西周时期。"君"最早是指君主,有地位的人。"君，尊也，从尹，发号，故从口。"由此可见，"君"本意是指具有显赫地位和影响的人，在人格上获得认可和尊重的人。"君子"是两个字合起来组成的词，君奭（shì）指国君，子是对男性的尊称。随着对"君子"使用的泛化，把那些在德行上具有敦厚、儒雅、端庄、从容、智慧、勇敢、纯洁等道德模范和精神品行的人都称为"君子"，至此君子已经从权力、地位的高度走上了道德、精神、品行的高度上来；也就是说"君子"的血统、性别、身份色彩逐渐弱化，道德成为君子必备的核心要素。

中国古人对君子推崇备至，把君子人格作为社会道德高标。儒家创始人孔子关注的中心话题就是君子人格。在儒家的经典著作《论语》中"君子"一词反复出现多达 107 次。孔子虽然没有具体明确给出"君子"的定义，但是从多个方面指出了"君子"应具备的道德品质，例如，"君子不器"，"君子务本"，"君子食无求饱，居无求安，敏于事而慎于言，就有道而正焉。可谓好学也已"，"君子不忧不惧"，等等。而且通过把圣人、君子、小人三种不同人格做对比，明确指出君子应该具有的品行，如"君子喻于义，小人喻于利"，"君子和而不同，小人同而不和"，"君子成人之美，不成人之恶，小人反是"，等等。孔子及其弟子以君子人格要求自己，也努力践行君子人格。正如辜鸿铭先生所说："孔子全部的哲学体系和道德教诲可以归纳为一句话，即'君子之道'。"同时，辜鸿铭先生还进一步指出："孔子在国教中教导人们，君子之道、人的廉耻感，不仅是一个国家，而且是所有社会和文明的合理的、永久的、绝对的基础，除此之外，别无其他。"❶这个论断深刻说明了儒家追求道德品行的精神要旨成为中国政治

❶ 辜鸿铭著，黄兴涛等译：《辜鸿铭文集》，海南出版社，2000，第 214 页。

重视德治的根源。

　　中华大地自古以来不乏君子，君子成为引领社会道德风尚的主要力量。"自汉以来，天下贤人君子，不可胜数。"上到庙堂之高，下到市井之间。从贵族到平民，从精英到大众……君子身份地位的转变和数量的扩大，体现了君子文化的包容性和发展性。从周公制礼乐，一方面通过一系列仪式规定，保持政治生活稳定有序地运行，另一方面通过仪容、言行、道德、知识、修养的陶冶浸染，塑造出一个撑起整个社会骨架的君子集团。这是对君子人格的早期认识，把君子定位于政治地位上引领社会发展的权力标识，君子居高位、拥财富、享特权并且锦衣玉食、一言九鼎。随着社会发展，春秋末期，礼崩乐坏，诸侯并起，周天子失去统领天下的地位，而群雄并起互相攻伐，礼乐自诸侯出，能够帮助各诸侯国走向强大，在诸侯争霸中能够占得先机的能人志士成为君子的典范；也有一些人怀念周礼，恪守传统，持守旧礼而不随波逐流。这一时期的君子以道德、修养和能力、智慧等特征被儒家士大夫推崇，强调仁爱精神。秦始皇统一六国之后，中国进入大发展大融合时期，同时中华民族也在发展中逐渐形成共同体意识，在这一过程中，中原地区人民在与边疆地区少数民族交流的过程中，涌现出一大批致力于民族交融、国家发展、社会进步、经济改革、思想建设等各领域各方面的君子。有岳飞、关羽等忠君重义的将领，有屈原、文天祥等爱国志士，有包拯、海瑞等爱民清官，有王安石、谭嗣同等革新之士。

　　做一个君子，是中国古代社会大众的目标和信仰，尤其是对于读书人。君子是受社会敬仰的，"汝为君子儒，无为小人儒。"成为君子也是有难度的，有一定的要求和规范的，毕竟君子是社会的楷模和代表，因此在外在和内在方面都有一定的要求。外在是最基本的层面，言谈举止、衣着打扮，举手投足都有要求，"毋侧听，毋噭应，毋淫视，毋怠荒。游毋倨，立毋跛，坐毋箕，寝毋伏。敛发毋髢，冠毋免，劳毋袒，暑毋褰裳"。❶ 再如"趋以《采齐》，行以《肆夏》"，类似"坐有坐相，站有站姿"。这是作为君子基本的举止装扮，当然也有一些人行为举止特立独行、超越世人审美标准的，但是他们也是以超越世俗的道德境界、思想认识、精神高度标识君子人格的。此外，君子还应具有英雄气质和大将风度，春秋时期，各国纷乱，需要具有英雄气概的人物东征西伐以平定叛乱。"有力如虎，执辔如组"，"驰骋田猎，雄姿英发"是当时对英雄人物的气质要求。"修身养性"是君子内在要求的基本素质，大凡君子都性格"温润如玉、气宇轩昂，"而修身主要靠才华和学识，"学富五车、才高八斗"，德艺双馨，智慧和才艺出众。由此观之，君子做到内外兼修、表里如一，基本上克服了权势、地位、财富带来的倨傲和嚣张，从而展现了温、良、恭、俭、让的美德和品行，君子人格具有了更多的人文内涵和生活气息，哪里有君子，哪里就有君子文化。

君子人格是君子文化的核心和载体，人格是人与其他动物相区别的社会属性，是人成为人、区别于动物的标志，人格是包括人的尊严、价值和品质的总和；是个人在一定社会环境中地位和作用的积累。君子人格的表征林林总总，"君子有九思：视思明，听思聪，色思温，貌思恭，言思忠，事思敬，疑思问，忿思难，见得思义。"❷ 这九思并非全部具备才是君子人格，真正能做到全部具备的几乎等同圣人。一般来说，才学是当仁不让必须具备的，"君子博学于文"；品德，"君子无终食之间违仁""君子之德风"；

---

❶ 胡平生，张萌译著：《礼记》，中华书局，2017，第 23 页。

❷ （春秋）孔子著，（南宋）朱熹集注：《论语集注》，金城出版社，2023，第 80 页。

人际交往，"君子和而不同""君子周而不比""君子不党"；雅趣，"君子游于艺"。君子人格还可以进一步扩大和延伸，自强不息、慎独、好学、爱国、有理想、有抱负、有担当；还可以把君子人格在性格品质、精神境界上进一步丰富提升，如百折不挠、鞠躬尽瘁、死而后已、卓尔不群、出淤泥而不染，等等。

　　君子文化是中华优秀传统文化的精髓，承载了中华优秀传统文化的价值、理想和智慧，蕴含了丰富的为人处世、修身治国、兴学修道的哲学思想。君子人格和君子文化是中华民族的精魂，也是中华儿女的身份标识和遗传基因，是血脉之根，精神之源，是中华民族的精神脊梁。君子文化是中华优秀传统文化中最具生命力的文化基因，历久弥新；并且君子文化的内涵和深度随着时代发展不断得到丰富和提升，"苟日新，日日新，又日新"。君子文化从传统社会沿袭到今天，更具有时代性和丰富性，为中华民族伟大复兴的中国梦提供了精神根基和智慧源泉，为中华民族走向世界，构建人类命运共同体提供了道德高标和行为规范。

　　君子文化风行于数千年前，在不断发展沿袭的历史进程中不可避免带有时代的烙印，有些标识和规范已经脱离时代和环境，尤其是在今天全球化、信息化、商品化高度发达的大背景下，君子文化似乎已经被抛至九霄云外，与现实格格不入。40多年的改革开放走到今天，实践证明了君子文化和君子人格仍旧是当今社会为人处世、安身立命、守业创业之必需。改革开放初期，一些人依靠投机取巧、邪门歪道、弄虚作假、花言巧语获取了非法的利益，正是"君子喻于义，小人喻于利"的真实写照，但事实证明，这些非法获利的群体最终都难逃法律的制裁与人民的声讨，终将被人民、被市场抛弃，最后走向灭亡。而在改革开放以来依靠诚实守信、正当经营、安分守己的人都获得了人民的认可与市场的回报，正是善有善报，恶有恶报。今天传承和弘扬君子文化，具有时代性和世界性。经过改革开放 40 多年的洗礼，中华优秀传统文化需要被重新认识和发掘，弘扬和创新。一方面用中华优秀传统文化应对和回应西方文化的冲击和挑战，另一方面用中华优秀传统文化引领和推动中华民族走向伟大复兴，推动构建人类命运共同体。

第一章

君子的核心价值

第一节　君子之爱

> 君子之爱人也以德，细人之爱人也以姑息。❶
>
> 我知之矣：君子之爱若人也，推及于其屋之乌，而况于圣人之弟乎哉？❷

　　君子之爱是高雅、纯洁、博大的爱。君子之爱超越世俗的儿女情长，超乎大众的物质之乐，超出日常之中的低级趣味。君子爱得极致，爱得精致，爱得细致。君子之爱在道德、在操行、在境界，君子之爱是精神的享受，是品德的化身，是理想的象征。超越物欲功利，为了追求思想、精神和信仰之大道，甚至甘于清贫，不为物利所动，乃是君子之道最典型的表现。君子之爱在中国人的具体语境和生活中以"梅兰竹菊"四种形象为代表，是精神的

---

❶　陈桐生译注：《曾子·子思子》，中华书局，2009，第13页。
❷　王阳明：《传习录》，中华书局，2016，第103页。

象征，是品德的具象，是境界的联想。

中国画在世界美术领域独树一帜，自成体系，具有悠久的历史和独特的风格，花鸟画是其主要类别之一，历代画家借描绘花卉禽鸟以抒情言志。在众多的植物花卉表现题材中，历代文人画家往往以"梅兰竹菊"四种植物为主要题材并称其为"四君子"。"君子"在我国是对德高者的美称，以"四君子"相称使梅兰竹菊人格化，以物寄情，将人类崇高的美德寄情于梅兰竹菊之中。

"文人画"是中国绘画史上一个非常重要的文化现象。苏轼提出"士夫画"，董其昌称为"文人之画"，以王维为创始者，并称其为"南宗之祖"，文人画的作者强调借物抒情，使中国花鸟画具有一定的象征性。他们标举"士气""逸品"，讲求笔墨情趣，脱略形似，强调神韵，重视文学修养，对画中意境的表达以及水墨写意等技法的发展有相当的影响。他们不断地砥砺民族艺术精神，营造着传统文人气象，以至于文人画后来终成为中国绘画的主流。其主要原因是文人在绘画中注重象征意义和人格的体现。一方面是强调画家自身人格的修炼，另一方面赋予绘画对象以象征寓意。"四君子"共同的特征是高洁、虚心、坚贞、不屈不挠，这与中国文人所崇尚的人格品质具有一致性，因而以"四君子"为主的绘画题材被反复歌咏，其文化意蕴及精神内涵就更为深厚。

梅花开在严冬，迎来的却是新春，它以"临风傲雪"成为我国的传统名花。梅总是最早把春的"信息"悄悄地透露给人们，千百年来，人们把它作为"坚韧不拔、努力奋斗精神"的象征，把它作为"高洁刚正、不染尘埃"的高尚人格的象征。踏雪寻梅是文人雅士生活必不可少的组成部分。宋代文学家林逋的名句"疏影横斜水清浅，暗香浮动月黄昏"，非常传神地表现了梅花的月下倩影。元代画家王冕在《墨梅卷》中题诗说："吾家洗砚池头树，朵朵花开淡墨痕。不要人夸好颜色，只留清气满乾坤。"借梅花抒发了自已清高自洁的感情。使梅花独具新形象的，要数毛泽东主席的《卜算子·咏梅》："风雨送春归，飞雪迎春到。已是悬崖百丈冰，犹有花枝俏。俏也不争春，只把春来报。待到山花烂漫时，她在丛中笑。"❶ 这首咏梅词，激励人们学习梅花的坚定品格，在艰难困苦的条件下屹然挺立，它象征革命者敢于斗争的大无畏精神和充沛的生命力。

兰花青翠幽香，生于深山幽谷，乃有"王者之香"的美誉。它"独居幽谷，与世无争，洁身自好"的品格又使历代文人把它视为自己理想的化身。著名的《芥子园画谱》中就特别强调"兰心"的画法，认为画兰心要特别突出兰的志气和精神。老一辈革命家董必武写颂词曰："兰有四清：气清、色清、神清、韵清。"❷董老还称兰花为国香。朱德曾题写"兰蕙同馨"。让兰麝清芬所构成的"微醺"来陶冶我们的心性，洗涤我们的杂念，使心性像兰花一样永葆清芬。

竹，具有清逸的外形，中空而有节的枝干，高而低垂的竹梢，使人联想到谦虚有节的君子。由于它的特殊品性，很早就与品德联系在一起，历来被人们作为一种人格精神加以推崇。艺术家以人格化的语言将竹比作"君子"，歌颂不已。如晋代名士王子猷曾说"不可一日无此君"，爱之甚深；宋代著名文学家、画家苏东坡更说"宁可食无肉，不可居无竹"。中国画"墨竹"一科，源远流长，文人墨客几乎人人都能画上几笔。扬州八怪之一的郑板桥，一生种竹画竹，还写下了许多脍炙人口、发人深省的

---

❶ 毛泽东：《毛泽东诗词选》，人民文学出版社，1986，第33页。
❷ 李东朗、雷国珍著：《董必武》，中共党史出版社，2024，第360页。

题竹诗。他写道："风中雨中有声，日中月中有影，诗中酒中有情，闲中闷中有伴。"他从种竹写竹中精神上得到了极大的享受。竹这种清雅坚挺的特殊自然品性，让我们感受到崇高的人格与精神。

菊花艳而不俗，迎霜怒放，体现了身处逆境而不退缩的品格。屈原的《离骚》中曾写道"朝饮木兰之坠露兮，夕餐秋菊之落英""春兰兮秋菊，长无绝兮终古"。❶自汉朝以来，每逢重阳佳节就有饮菊花酒、馈菊花糕的习俗。还有晋代诗人陶渊明"采菊东篱下，悠然见南山"的著名诗句，这体现出诗人与菊的特殊情感，更重要的是菊的芳香，凌霜傲雪的品格与诗人的人格追求相一致。诗人写菊花的品格美同时抒写自身的美好人格追求。

历经数千年的风风雨雨，"梅兰竹菊"已成为中国人极喜爱的植物，是众多花卉植物中的杰出代表。"梅兰竹菊"在人们处于逆境时，成为人们心中的精神支柱，鼓舞激励着人们奋发图强。在人们处于顺境之时，便成为人们提高自身素质，修身养性美化环境必不可少的一环。"梅兰竹菊"的精神已深深地融入中华民族的躯体中。

《孔子家语》有言："不以无人而不芳，不因清寒而萎琐。气若兰兮长不改，心若兰兮终不移。"❷

兰花在中国久负盛名，有花中君子的美誉，以香取胜，色泽宜人，风姿潇洒，品格高洁，自古以来就深受人们的喜爱，也成为古今文人描写的对象。闲暇之日，漫游旷野，徜徉于兰花之中，回味一下文人墨客对兰花的优美描写，颇有一番诗意。

"兰溪春尽碧泱泱，映水兰花雨发香。楚国大夫憔悴日，应寻

---

❶ （战国）屈原著，杨永清、黄晓丹注：《离骚》，清华大学出版社，2019，196 页。
❷ 王国轩、王秀梅译注：《孔子家语》，中华书局，2022，第 233 页。

此路去潇湘。"这是唐代杜牧的一首咏兰花诗。阳春三月，春意盎然，溪水碧碧；岸上兰花，影映水中，春雨细柔，兰香幽幽。这场景，是如此的美好和让人心旷神怡、愉悦不已。"纳得一处清雅在，只为三月春风开。"

第二节　君子之德

君子道者三，我无能也，仁者不忧，知者不惑，勇者不惧。❶

德：汉语常用字，很容易理解，一般就是指品德、道德、德行的意思。德的古字形从彳（或从行）、从直，以示遵行正道之意，也有人认为"德"的本义是"登上、升高"。"德"也作美好之义，又引申为恩惠、感恩；在古代文献中也与"得"通用，表示得到。德作"规则和规范"义，《论语·述而》云：德之不修，学之不讲；《诫子书》云：夫君子之行，静以修身，俭以养德。作"有德行的人"，《周礼·夏官·司士》云：以德诏爵；《论语·里仁》云：德不孤，必有邻。德的内涵丰富，主要是围绕品行和道德。

君子道者三：此犹云君子之道三。或说：道，训由。君子由此三者以成德。人之才性各异，斯其成德亦有不同，惟知、仁、勇为三达德，不忧、不惑、不惧，人人皆由以成德。

夫子自道也：自道犹云自述。圣人自视常欿然，故曰"我无能焉"，此其所以日进不止也。自子贡视之，则孔子三道尽备，故曰"夫子自道"。

---

❶　（春秋）孔子著，（南宋）朱熹集注：《论语集注》，金城出版社，2023，第68页。

先生说："君子之道有三：仁者不忧，知者不惑，勇者不惧。我一项也不能。"子贡说："这正是先生称道他自己呀！"

另一译法：孔子说："君子的德行表现在三个方面，我一样也没能做到。有仁德而不忧愁，有智慧而不迷惑，有勇敢而不惧怕。"子贡道："这正是他老人家对自己的叙述。"

"仁""智""勇"是孔子所推崇、一个君子应该具备的最主要的道德品质，成此三德，大德具矣。心怀仁，则能内省不疚，乐天知命，无忧无虑；有睿智则明于事理，洞达因果，所以就会不迷惑；有勇毅，则不畏不惧，排除万难，一往直前。孔子谦虚地说，自己还没有完全做到，但一直努力想达到。子贡认为，孔子所说的三德境界，正是孔子所具备，而诸弟子需努力学习欲达到的境界。牛顿，这位一生为人类作出了巨大贡献的科学巨匠，自言："在宇宙的奥秘面前，我只是一个海边拾贝的儿童。""如果说我能看得更远一些，那是因为我站在巨人的肩膀上。"他死前郑重嘱咐别人为自己写下墓志铭："艾萨克·牛顿，一个海边拾贝壳的孩童"。牛顿在谦虚这点上之于孔子，是何等相似。

仁者不忧、智者不惑、勇者不惧，三者合一正是君子修养的最高境界。孔子说："知、仁、勇三者，天下之达德也。"❶ 那么，什么是达德呢？所谓"达"，是通达之意，也是通行的意思。达德，就是通行的、普遍的德性。仁、智、勇是君子修养的"三达德"，是君子都应该具备的德性。

君子的第一个"达德"：仁者不忧，做一个仁爱快乐的人。一个人的心胸怎样才能够宽大起来？就是要有爱心，能够设身处地地为对方着想，这样就不会陷入偏执和狭隘。而且仁爱的人也是

---

❶ 王国轩译注：《大学·中庸》，中华书局，2006，第 147 页。

快乐的人，世间有太多美好的事物需要自己去爱护、去呵护。整天愁眉苦脸是解决不了问题的，保持乐观快乐的心态，积极采取行动，让事情越变越好才是君子应该做的。所以孔子曾说："君子坦荡荡，小人长戚戚。"❶戚戚就是忧愁悲伤的样子，小人才是整天一副愁眉苦脸的样子。君子不是总想着自己的私利能否得到和保存，而是想着把事情做好，在做事情中享受奋斗和奉献的快乐。事情没做成，君子会继续奋斗，并享受其过程；事情做成了，自然会收获成功的快乐，以及与他人分享成功果实的快乐。仁是孔子学说的核心，因而孔学又被称为仁学。一般儒学者认为，仁之核心体现在下面这句话中："夫仁者，己欲立而立人，己欲达而达人。"这是一种克己的功夫，也就是内修的功夫，所以孔子说："克己复礼为仁。"关于这两句话的讨论，实在已经有很多，不再赘述。

　　仁当然可以说是爱，人之所以为人，就是因为人有仁，有爱，有不忍人之心。孔子的爱，并不是卿卿我我、男欢女爱的那种爱。孔子的仁是本体的爱，这种爱的体现是孟子所说的"仁者爱人"。总之，孔子讲的爱是推己及人的爱，是从人自身开始的爱，而这种爱的根本是仁。孔子讲仁，是从本体上、人之为人的根本上说，而不是从情感上说。儒者据义行仁，义者宜也，应当。孟子曰："义之所在蹈死不顾。"又曰："虽万千人吾往矣。"面对艰难险阻，自己选定的路那就平静地走到底吧。子路千里驱驰正冠赴死，是勇也；鄙巷陋食，回也不改其乐，于平静中坚持，安贫乐道，是勇也。

　　君子的第二个"达德"：智者不惑，对人对事有明确清晰的认

---

❶ （春秋）孔子著，（南宋）朱熹集注：《论语集注》，金城出版社，2023，第88页。

识，做一个明白人。孔子的学生樊迟曾向孔子请教什么是智，孔子的回答是两个字："知人"（《论语·颜渊》）。一个智慧的人一般是不会误会别人的，因为智者不仅是用自己的眼来看待人与事，更用自己的心去看待人与事。智与知密切相关，但并不相同。从知的角度看，智是知积累到一定程度所达到的境界，这个境界就是孔子的"三十而立，四十而不惑"。达到这种境界的人，之所以"不惑"，贵在自知，诚如孔子言："知之为知之，不知为不知，是知也。""是知也"的"知"，就可以理解为智。今人往往误以为读的书多、知识多就是有智慧，甚至以为智慧不过是聪明的另一种说法。其实不然。知是知，智是智。"知"至多不过是技能，依靠它，人可以做许多事情，可以发明创造机器、武器。"智"却关系到一个人的生命价值，关系到一个人安身立命的根本。知识多不一定能解决人生的困惑，智慧却可以做到这一点。

君子的第三个"达德"：勇者不惧，有勇气去打下属于自己的一片天地，能够坚强地承担责任。很多人没有成功不是因为他不够聪明，而是因为他不敢去尝试。害怕失败而畏缩不前往往就不会取得成功，成功的因素千万种，但成功者当时勇敢地往前走的闯劲儿往往是不可或缺的。在这一点上，孔子做到了：他提出了"仁"的思想，而且力图用这一思想影响列国的国君，并且为此而排除种种困难，去周游列国，与国君见面。最后尽管政治上并不怎么成功，但是孔子成功地传播了自己的思想，并且培养出一批推崇仁德价值观的有影响力的人才。孔子是勇而敢为的人，他母亲去世时，他把棺材停在十字路口，执着地向人们打听父亲的墓地在哪里，这就是很有勇气的行为。

当然，孔子提倡的勇者不惧不是莽撞，不是肆意妄为，而首先是正义的，有底线的。勇不是指孔武有力，不是不怕死的勇敢，而是指见义而为的勇气。孔子说："见义不为，无勇也。"如果一个人有勇无义，那么他必然是一个莽夫，有道德修养的莽夫会给社会带来混乱，无道德修养的莽夫会以盗为生，为害社会。这是孔子在回答他的学生子路的时候说的："子路曰：'君子尚勇乎？'子曰：'君子义以为上。君子有勇而无义为乱，小人有勇而无义为盗。'"读了上面两句话，按照儒家的理解，义与利相对，利是指个人的事，相反，义就是指众人的事，或者说是对众人有利的事，所谓"义者宜也"。所以孔子说："君子喻于义，小人喻于利。"而义是需要学才能了解的，因此好勇必须好学，因为"好勇不好学，其蔽也乱"。

《尚书·大禹谟》："惟德动天，无远弗届，满招损，谦受益，时乃天道。"❶（意思是说，自满的人会招来损害，谦虚的人会受到益处，这是天道。）毛主席也告诉我们"虚心使人进步，骄傲使人落后"。谦虚谨慎的人，不论自己取得多大的成绩，都能做到不骄傲自满，虚心听取别人的意见，逐渐完善自我。孔子的君子三德论为我们指出道德修养要达到的境界，孔子"我无能焉"的谦虚谨慎品德，亦是后学诸君需常怀戒惧不能不学的。

仁是夫子，也是儒者的根本，怀仁心善念，负家国责任，坚定前行。仁者可以智也可以不智，但对自己该干什么、不可以干什么却是非常清楚的，夫子知其不可而为之，夫子曰：择善固执，乐以忘忧。非不忧也，而是必须如此，求仁而得仁，又何怨？所忧者，前路漫漫，何日理想得成？所不忧者，努力、坚持，矢志不渝，此生不悔！

三达德中，仁是最根本、最核心的修养。智和勇既是达到仁

---

❶ 王世舜译注：《尚书》，中华书局，2023，第516页。

的手段，又必须依赖于仁方可正确运用。他说："仁者安仁，知者利仁。"又说，"仁者，必有勇。勇者，不必有仁。"仁义智勇，仁是根本、是目标、是价值所在，义是良心、是责任，智是理性是学习是反省，勇是努力实践，儒者当健行。唐代刘知几《史通·内篇·探赜第二十七》曰："唯智者不惑，无所疑焉。"❶《孟子·梁惠王上》曰："彼陷溺其民，王往而征之，夫谁与王敌？故曰：'仁者无敌。'"❷

孔子关于三达德的话中，还有三个重要的词：不忧、不惑、不惧。孔子所说的不忧不惧，实在是一个品德高尚的人的内心修为，这种内心修为令他达到这样的境界：仰观于天，俯察于地，皆无愧于心。这就是不忧不惧。孔子与学生司马牛有一段关于"不忧不惧"的对话："司马牛问君子。子曰：'君子不忧不惧。'曰：'不忧不惧，斯谓之君子已乎？'子曰：'内省不疚，夫何忧何惧？'"用今天的话说，不忧不惧就是坦然。坦然是一种理想的生活态度，这是君子所拥有的，小人无法坦然。"君子坦荡荡，小人长戚戚。"

第三节　君子之恶

子贡曰："君子亦有恶（wù）乎？"子曰："有恶。恶称人之恶者，恶居下流而讪上者，恶勇而无礼者，恶果敢而窒者。"曰："赐也亦有恶乎？"恶徼以为知者，恶不孙以为勇者，恶讦以为直者。❸

❶ （唐）刘知几著，白云译注：《史通》，中华书局，2022，第49页。
❷ 杨伯峻译注：《孟子译注》，中华书局，2018，第18页。
❸ （春秋）孔子著，（南宋）朱熹集注：《论语集注》，金城出版社，2023，第268页。

恶（wù）：讨厌、憎恶。《荀子·天论》：天不为人之恶寒而辍冬；《论语·里仁》：唯仁者，能好人，能恶人。还有羞耻，惭愧之义，《孟子·公孙丑上》：无羞恶之心，非人也。

恶（è）：过错，过失之义。如《说文解字》：恶，过也；《颜氏家训》：恶上安西。也指丑陋、丑恶之义，如《尚书·洪范》：五曰恶；《礼记·大学》：人莫知其子之恶。

一般人认为，君子，尤其像孔夫子这样的圣贤，都是极有修养的人，所以就不会有所厌恶的人和事。但孔子多次强调自己是学而知之的平常人，也同样具有平常人的感情。所以，当子贡询问时，他一口气便列举了许多令人讨厌的人和事。富与贵是人之所欲也，不以其道得之，不处也。贫与贱是人之所恶也，不以其道得之，不去也。君子所恶（wù）乎异者三：好生事也，好生奇也，好变常也。好生事则多端而动众，好生奇则离道而惑俗，好变常则轻法而乱度。❶

"称人之恶者"，就是到处宣扬他人坏处的人。孔子说："君子成人之美，不成人之恶（è）。"他还说，要"乐道人之善"。这些，都是"隐恶而扬善"的品质。这种品质需要有博大的胸襟和宽容的气度才能修炼得成。小人常常容易犯的，恰恰是"称人之恶"的毛病。他们成天专事搜罗别人的缺点，哪怕这种缺点是捕风捉影或道听途说来的，他们到处传播，恨不得让普天下的人都知晓才痛快。这种人有的就是一张天生的臭嘴巴，往往个人也得不到什么好处，属于"损人不利己"一类。

"居下而讪上者"，是身居下位而毁谤讥笑上司的人。下属如何对待上司呢？大家都心知肚明，忠！既然你还愿意在这位上司

---

❶ （唐）魏徵等著，沈锡麟译注：《群书治要》，中华书局，2014，第36页。

的手下工作，那就应该忠心耿耿地帮助上司圆满地实现自己的职责。当发现上司有毛病和缺点时，首先是要"隐"，其次是要"帮"。假如上司的毛病缺陷已经完全与其职位不符，你也可以越级向上反映问题或检举揭发，以清除害群之马，维护组织的纯洁。什么人以毁谤上司为快乐呢？心术不正的人，梦想取而代之的人。这种人能不人见人恶吗？

"勇而无礼者"，指不遵法纪、不守规矩、不循道德、不懂人性，只知逞匹夫之勇的人。这种人不懂得"见义"才可"勇为"的道理，不是作乱就是做盗，对社会百害而无一利。

"果敢而窒者"，指刚愎自用、顽固不化、不通事理，听不进一丁点善言的人。如果这种人当领导，必定会把部属带领到四面楚歌的垓下，不仅自己拔剑自刎，还要拖累下属死无葬身之地。如果这种人只是个体，也定是一个危害一方的混世魔王。

"徼以为知者"，指把侥幸当作聪明的人。这种人在今天更具普遍性，他们既企图偶然地获得成功，又企图意外地免去不幸。那些靠不正当手段获取大量不义之财的人是如此，那些贪污腐化暂时还没有受到惩罚的人是如此。侥幸只是暂时的，不是不报，时候未到啊！心存侥幸的人根本不懂得因果定律，反而认为侥幸是自己命好是自己聪明，这只能体现他们的无知。现在那些还在靠小聪明赚取黑心钱的罪犯，现在那些还在耀武扬威、掩耳盗铃的贪官们，人民将冷眼静观你们还能侥幸到几时？

"不孙以为勇者"，指把桀骜不驯、凌驾于人当作勇敢的人。这种人与"勇而无礼者"有点相似，但前者是有勇但不知礼节，这种人却连勇敢的真正含义都没有弄懂，竟错把桀骜不驯、凌驾于人当作了勇，你说他还能混出什么名堂？直白了说，他们的勇其实根本算不上勇，只是一种流氓行径，当这种"假勇者"真要与"真勇者"狭路相逢时，恐怕他们早就脚底板抹油溜之大吉了。

"讦以为直者"，是把揭发他人隐私当作直率的人。这虽然也是"称人之恶"，但较之一般的"称人之恶者"要阴险得多。阴险就阴险在这并不是为了逞一时之快，或为了贬低别人来抬高自己而揭露别人的短处坏处，而往往是把揭发别人的隐私，当作对当事人的一种要挟，或当作对上司的一种邀功，以攫（jué）取利益和好处。他不像第一种人那样信口开河地张嘴就说，而是有所选择地说，对自己有利就说，对自己暂时无利就暂时不说，什么时候对自己有利就什么时候说。当他要挟别人时，往往会说"我手里有你的把柄"之类，当他到上司面前告黑状时，也是这种说辞，并把这种做法当成正直来标榜。

孔子曾说过，只有具备仁德的人，才能懂得该爱什么人该恶（wù）什么人。做人的标准确定了，无论爱人还是恶（wù）人才不致偏颇。

孔子的"四恶"与子贡的"三恶"加在一起，憎恶的人和事一共有七种，这也正是一般人容易犯的错误，有这方面毛病的人完全可以对号入座，时刻检讨自己，力争杜绝或减少这七种恶事，做一个令人喜欢的人。

君子之所恶，是小人之所好。君子与小人的区别。"据于德"的君子有其特定的志趣、修养、品格和行为，换句话说，作为君子，他们有符合人性和社会文明发展方向的志趣，他们注重自身的修养，有高尚的品格，有超然性的行为方式。在中国传统君子文化中，对于君子的上述属性作出过许多正面性的规定和描述。但在君子文化中有一个特殊的现象是值得注意的，那就是，为了突出君子之风，往往喜欢找与君子形成反面的小人来作比较性的论述。这种比较是能大大突显君子的特征及其优秀品行的。实际上，君子与小人的对举，能够非常具体而又鲜明地呈现出社会中的人的不同的价值追求、不同的生活情趣、不同的人生态度、不同的理想境界、不同的行为方式。

其一，追求上的不同。既然据于德者为君子，那么就决定了君子将德以及具体表现为德的价值作为他们追求的对象，而与此相对的小人则有他们的追求对象。仁爱、道义、德行构成君子的价值取向；物利、故土、恩惠构成小人的价值取向。孔子说："君子上达，小人下达"（《论语·宪问》），这里的"上达"与"下达"尽管在解释上有过不同，但就其总的价值取向来说不存在实质性的不同。"上达"者主要指思想、精神和信仰等"道"的层面的存在，"下达"者主要指财货、私利和私欲等"器"的层面的存在。所以孔子又直接指出："君子怀德，小人怀土；君子怀刑，小人怀惠"（《论语·里仁》），意思是说，君子怀念和记挂着道德品行和制度文化，小人怀念和记挂着故土恩惠。这是两种完全不同的价值追求和德行操守。

心中既然确立了价值方向和追求目标，那么对足以构成神圣的东西，作为君子应当具有足够的敬畏感并建立起信仰，而小人却不会这样。孔子说："君子有三畏：畏天命，畏大人，畏圣人之言；小人不知天命而不畏也，狎大人，侮圣人之言"（《论语·季氏》），孔子认为，君子的内心世界应有三个敬畏的对象，这就是天命、大人和圣人；而小人不懂得天命，所以不怕它，轻视有德的大人，侮慢圣人的教泽。

在儒家思想体系中，天命、大人、圣人都与道德紧密相连，君子常怀之，而小人从不。孔子说"君子而不仁者有矣夫！未有小人而仁者也"（《论语·宪问》），在孔子看来，君子偶尔有不仁之处，小人却从来不会有仁的表现。实际上孔子在这里是要人们强调君子与小人之所以不同的根源，就是在于有没有仁心仁德，能不能行仁之德，此乃彼此的分水岭。而心怀仁德并去行仁爱，这一行仁爱的过程就被称为"义"。而君子与小人的分别也体现在有没有"义"之上。于是孔子才说"君子喻于义，小人喻于利"（《论语·里仁》），君子知义，小人知利。君子遇事即刻就会按义去做，而小人遇事即刻会循利去做。

其二，修养上的不同。君子做事情出现问题时，即"行有不得者"时，不责怪和埋怨他人，而首先反过来从自己身上找出问题的根源，而小人则恰恰相反，他们在上述情况下总是会将责任推给别人，老是苛求别人。孔子将此概括为"君子求诸己，小人求诸人"（《论语·卫灵公》），简言之，君子总是要求自己，小人总是要求别人。

其三，胸怀上的不同。君子因为内心的清明纯洁，胸怀开朗宽广，所以他们总是显得舒泰却不骄傲凌人，他们与人为善，成全别人的好事，不促成别人的坏事；小人因为内心的灰暗肮脏，心中忧虑狭促，所以他们总是显得骄傲凌人却不舒泰，他们与人为恶，败坏别人的好事，对于别人的难处喜欢幸灾乐祸，甚而落井下石。这就如孔子告诉我们的那样，"君子坦荡荡，小人长戚戚"（《论语·述而》），"君子泰而不骄，小人骄而不泰"（《论语·子路》），"君子成人之美，不成人之恶。小人反是"（《论语·颜渊》）。

其四，行为上的不同。正是由于追求、修养、胸怀的不同而形成了君子与小人的分野，并进而导致他们在思想行为上的迥异。孔子说："君子周而不比，小人比而不周"（《论语·为政》）。"周"就是团结，"比"就是勾结。君子根据道义来团结而不搞勾结，小人根据利益来勾结而不搞团结。于此孔子又说："君子和而不同，小人同而不和"（《论语·子路》）。"和"就是统一和谐，"同"就是等同单一。和谐在不同中产生，不同一却和谐，这叫团结有力量；不和谐在单一中发生，同一却不和谐，这叫勾结有败局。

总之，在孔子看来，君子是有德者，小人则是无德者。

第四节　君子之贵

君子贵乎道者三：动容貌、正颜色、出辞气。❶

贵：从贝，臾（guì）声。"贝"在古代社会是货币的象征，表示与钱物有关。如果从隶定字形上解释，字从中、从一、从贝，贝亦声。"中"意为"中坚"，"一"指大地，"中"与"一"联合起来表示"（全国）各地的中坚"。"贝"指"价值""意义"，"中一"和"贝"联合起来表示"全国具有战略价值的地方节点"。贵的本义就是物价高，与贱相对。《说文解字》：贵，物不贱也。《国语·晋语》：贵货而贱士。❷《老子》：不贵难得之货。贵也指"社会地位高"，《广雅》：贵，尊也。贵贱以物喻。犹尊卑以器喻。《礼记·坊记》：民犹犯贵。❸ 贵也有"重要、贵重"的意思，如《论语·述而》：礼之用，和为贵。

曾子有疾，孟敬子问之。曾子言曰："鸟之将死，其鸣也哀；人之将死，其言也善。君子所贵乎道者三：动容貌，斯远暴慢矣；

---

❶ （春秋）孔子著，（南宋）朱熹集注：《论语集注》，金城出版社，2023，第123页。

❷ （三国吴）韦昭注，徐元诰集解，王树民点校：《国语集解》，中华书局，2019，第79页。

❸ （西汉）戴圣编纂，胡平生等译：《礼记》，中华书局，2022，第268页。

正颜色，斯近信矣；出辞气，斯远鄙倍矣。笾豆之事，则有司存。"❶

曾子有病，孟敬子去看望他。曾子对他说："鸟快死了，它的叫声是悲哀的；人快死了，他说的话是善意的。君子所应当重视的道有三个方面：使自己的容貌庄重严肃，这样可以避免粗暴、放肆；使自己的脸色一本正经，这样就接近于诚信；使自己说话的言辞和语气谨慎小心，这样就可以避免粗野和悖理。至于祭祀和礼节仪式，自有主管这些事务的官吏来负责。"

第一点"动容貌，斯远暴慢矣"。是人的仪态、风度，要做学问谈修养来慢慢改变自己，孔子曾谈过"色难"就是这个道理。温文尔雅不是天生的，是靠后天学习修养形成的。暴是粗暴，慢是傲慢看不起别人，人的这两种缺点，粗暴、傲慢差不多是天生的。尤其是慢，人都有自我崇尚的心理，讲好听一点就是自尊心，但过分了就是傲慢。傲慢的结果就会觉得什么都是自己对，自己一贯正确，这些都是很难改过来的。经过学问修养的熏陶，粗暴傲慢的气息，自然会化为谦和、安详的气质。在这方面，孔子对自己的要求非常严格，他要求自己"出门如见大宾，使民如承大祭"。出门就像接待贵宾一样庄重，役使百姓就像承当大祭典一样庄严，只有这样，才算是具备良好的外在形象。莎士比亚说过，衣着往往反映人的心灵，服饰是人的第二肌肤。军人即使在夏天也戴上一副白手套，举手投足间便平添了几分威严之气；而诸葛亮正是凭借羽扇纶巾的装束，才给人以运筹帷幄、镇定自若的可靠形象。

第二点"正颜色，斯近信矣"。颜色就是神情。前面所说的仪态，包括一举手、一投足行走坐卧，一切动作所表现的气质；"颜

❶　陈桐生译注：《曾子·子思子》，中华书局，2009，第 117 页。

色"则是对待别人的态度。同样是回答别人的问话，有人态度诚恳，面带笑容，和蔼可亲；有人则一副冷面孔，生冷脆倔，让人实在不好接受。"正颜色，斯近信矣"言谈语气和悦一点，可亲可近一点，说起来容易，但做起来可不易。出门在外社会上差不多都是一副讨债似的冷面孔。要想做到一团和气，就必须加强内心的修养，慢慢改变过来。德国哲学家叔本华有句名言：人的面孔要比人的嘴巴说出来的东西更多、更有趣，因为嘴巴说出来的只是人的思想，而面孔说出来的是思想的本质。❶ 在叔本华看来，相对于有声的语言而言，"正颜色"这一无声的语言是一座更加深邃、更加重要的沟通桥梁。"巧言令色，鲜矣仁。"孔子的这一价值判断发人深省。话说得动听，脸色装得友善，但如果不是发自内心的，又怎能称得上是仁义呢？因此，"正颜色"不仅仅关注"颜色"的表象，更为关注"颜色"的实质，即这种"颜色"不是伪装出来的。

第三点"出辞气，斯远鄙倍矣"。所谓"出辞气"就是谈吐，善于言谈。"鄙倍"是指说话粗野、庸俗小气。"夫人不言，言必有中。"这是学问修养的自然流露，如果能做到这一点，就慢慢改变了言谈举止粗野、庸俗的毛病。"出辞气"是一门艺术。在说话的时候，只有注重措辞和语气，讲究方式和技巧，才能取得良好的沟通和激励效果。

孔子认为，"言未及之而言谓之躁，言及之而不言谓之隐，未见颜色而言谓之瞽。"❷ 还没到说话的时候先说，叫作急躁；到了该说话的时候却闭口不言，叫作隐藏；不看别人脸色就随便说话，

---

❶ ［德］叔本华著，韦启昌译：《人生的智慧》，上海人民出版社，2014 年，第 331 页。

❷ （春秋）孔子著，（南宋）朱熹集注：《论语集注》，金城出版社，2023，第 165 页。

则是睁眼瞎。孔子告诫我们，要言而有度。要做到孔子主张的"讷于言而敏于行"，君子应"先行其言，而后从之"，即先实行自己想要说的事，再把这些话说出来。古希腊有一句谚语："聪明的人，借助经验说话；而智慧的人，根据经验不说话。"神色是心灵的窗口，脸面是弛张欲望的一种器官。脸色如何，便知心灵的黑白如何，便知欲望的强弱如何。人想通过伪装，让心口不一、心脸不一，实在难以做到。你只有淡化自我的欲念，且不对他人有所希求，你才一眼可以看透本质。人之所以不去揭穿，在于人多乐于自欺欺人，彼此虚以应对。

宇宙虽运动不息，天道却沉静不动。天道永不变异，所以才能衡量众生与万物。人以神色去展现情绪，以肢体去实施行动，神色与肢体的实际支配却在观念。观念与天道切近，观念就纯正、超拔、鲜于变化。观念与天道背离，观念就杂乱、肤浅、变动不居。君子向道，君子的思想与灵魂，必定与天道切近。君子的神色当然鲜活，可以展现不同的状态，然其实质的基调，必定严肃而端庄。严肃，与天道至高无上的权威及心灵沉实厚重的积淀相对应。端庄，与天道不偏不倚的中正及心灵宁静祥和的本色相对应。

士君子之处世，贵能有益于物耳，不徒高谈虚论，左琴右书，以费人君禄位也。❶

《中庸》曰，"诚者物之终始，不诚无物。是故君子诚之为贵"。

君子以"真实无妄"作为修身的必要条件。诚，真实无妄之谓。《中庸》说："诚者自成也，而道自道也。诚者物之终始，不诚无物。是故君子诚之为贵。"《中庸》以"诚"指天道，以"成之"指人道，天道是自在运行的，真实无妄，天生万物，自生自

---

❶　颜之推著，檀作文译注：《颜氏家训》，中华书局，2023，第340页。

灭，实而不虚，不实无以见物。君子按天道行事，因此要"真实无妄"。这是一种天人合一的思想。朱熹对此做了另外解释，他认为："言诚者物之所以自成，而道者人之所当自行也。诚以心言，本也；道以理言，用也。"把诚释为心，道释为理。认为天下之物，皆实理所为，故必得此理，然后有此物，所得理尽，物亦尽。所以人心一有不实，虽有所为，如同无有，因此君子必须以真实无妄为贵。这是从理本论出发的一种解释。

"天见其明，地见其光，君子贵其全也"（《荀子·劝学篇》）。

君子是许多优秀品行的集中体现者。其一，在言行上，要做到先做后说。"子贡问君子。子曰：'先行其言，而后从之'"（《论语·为政》），子贡问怎样才能做一个君子，孔子指出，对于你要说的事，先实行了，再说出来，这就能够说是一个君子了。另外，君子言语要谨慎迟钝，工作要勤劳敏捷，孔子说："君子欲讷于言，而敏于行"（《论语·里仁》）。再有就是作为一个君子要以说得多，做得少为耻辱的事情。即君子应以言过其实为耻。孔子说："君子耻其言而过其行"（《论语·宪问》）。

其二，在气质上，要做到自尊庄重和文质彬彬。孔子说："君子不重，则不威"，是说君子如果不自尊庄重，那么就没有威严和威信。在孔子看来，既文雅、又朴实，才是君子应有的气质和风度。"文质彬彬，然后君子"（《论语·雍也》），此之谓也。

其三，在为人上，要做到不怨恨，不抱怨。孔子说："人不知而不愠，不亦君子乎？"（《论语·学而》）就是说，人家不理解我，我也不为此怨恨，此乃君子之风也。孔子曾说自己"不怨天，不尤人"（《论语·宪问》）。孟子更直接指出："君子不怨天，不尤人"（《孟子·公孙丑下》），就是说，君子不抱怨天，不责怪人。平和对人对事，乃君子之范也。总之，君子之所以为君子，是有其高尚的品行要求的。

第五节　君子之过

　　子贡曰："君子之过也，如日月之食焉；过也，人皆见之；更也，人皆仰之。"

——《论语·子张》

　　过：同"祸"，灾殃，《周礼·天官·大宰》："诛以驭其过。"也作"过失、错误"，《左传》："孤之过也，大夫何罪。"《吕氏春秋·审应览·具备》："微二人，寡人几过。"❶

　　人在成长的过程中都会犯错，关键是对待错误的态度。错误可以成为成长的重要推动力，也可以变为成长的阻力。"人非圣贤孰能无过"，错误是不可避免的，因此孟子说："人恒过，然后能改。"（《孟子·告子下》）

　　过错，每个人都有，但每个人对待过错的态度，却并不一样。在儒家看来，过错是淬炼人性的炉火，真诚地面对自己的过错，审慎的反省反思，自我诊断和剖析，让那一颗颗人性的黑点，助燃那一炉锻炼人性的烈火。子贡，用尽修辞赞美君子之过，如同天上的日食月食，赞美君子对待过错的态度："更也，人皆仰之。"认为一个人改正自己的错误，没有比这更美好的事情了。过错，是人性的斑点，往往会遮掩圣洁的容光。因为自我自尊的缘故，人们总是想回避自己的过错，掩饰自己的不足，把客观的存在刻

---

❶　（秦）吕不韦著，张双棣等译注：《吕氏春秋译注》，北京大学出版社，2011，第56页。

意幻化成主观的矫饰。人们总是用回避，来面对自己的不完美。勇敢的人总是直面自己的过错，以便更好地改正，逐步减少过错，"人谁无过，过而能改，善莫大焉"。❶ 而软弱的人总是回避和掩饰自己的过错，结果反而酿成更大的过错，陷入恶性循环。无视或者回避过错，有如掩耳盗铃，自己不知，别人却看得清楚。

列宁曾说："聪明的人并不是不犯错误，只是他们在不犯重大错误的同时，还能快速地去纠正错误，去改正错误，一个人难免犯错误，关键在于犯错之后能够严肃的对待错误，改正错误。"知错就改，永远不会晚的。一个人直面自己的错误，不是一种自弃，不是一种自暴，而是一种积极进取的智慧，知错能改，善莫大焉。法国作家卢梭，晚年写了一本《忏悔录》，他要做到的是把一个人的真实面目赤裸裸地暴露在世人面前，而这个人就是他，在《忏悔录》中他直面挫折，坦白自己曾经犯下的过错，他年轻时偷东西还要嫁祸给别人，那时的卢梭相当可恶，但他还是受到尊重和爱戴，不仅是因为文学才华，更因为他能放下地位，直面自己黑暗的往事，他勇于承认错误，而不是掩饰自己的错误。

"人谁无过，过而能改，善莫大焉。"（《左传·宣公二年》）所谓瑕不掩瑜。日食月食，太阳、月亮可以暂时被黑影遮住，但最终掩不了太阳、月亮的光辉。君子有过错也是同样的道理，有过错时，就像日食月食，暂时有污点，有阴影；一旦承认错误并改正错误，君子原本的人格光辉又焕发了出来，仍然不失为君子的风度。古时的君子，正是用这样一种精神，去每天面对自己的内心，面对自己的不完美，日行一善，日去一过，"苟日新，日日新，又日新"，"如切如磋"，锲而不舍，追求那"止于至善"的境

---

❶ （战国）左丘明著，（晋）杜预注：《左传》，上海古籍出版社，2016，第90页。

界。"小人乐闻君子之过，君子耻闻小人之恶。"❶

名人索福克勒斯曾说过："一个人即使犯了错，只要能痛改前非，不再固执，这种人，并不失为聪明之人。"❷ 金无足赤，人无完人，大千世界，不可能存在十全十美的东西，一个人常犯错不可怕，可怕的是知自己犯错后却不知悔改。知错并不可耻，可耻的是明明知错却不知悔改。放眼历史长河，滔滔江水奔流向东永不止息，但在河岸上留下了冲刷的印记，古代许多名人，大家，都或大或小地犯过错。

在"晋灵公不君"的故事中，士会劝晋灵公说：对于一个有地位的君子，也就是领导人来说，就像太阳、月亮一样，居于高处，并且大家都看惯了他光辉的形象，不像一般人，亮不亮没关系，反正也没人注意。居于高位的领导人一旦犯错误，很容易被大家发现，就像太阳、月亮一样，稍有一点点黑，就被人们觉察到了，所以尤其需要谨慎，一言一行都要注意。当然，你一旦改正错误，那也很容易被大家发现，因为大家都仰望着你嘛。

以上两方面就是子贡说"君子之过如日月之食"的意思。孟子认为，古代君子的过错的确如子贡所说，像日食、月食一样，但他所处那个时代的所谓"君子"，却是将错就错，文过饰非，已完全没有"日食月食"的风度了。

孟子距子贡的时代并不很遥远，我们今天距孟子的时代却是远之又远。如今"君子"之过，是如日月之食让人仰望，还是将错就错，文过饰非呢？

古人也想象出了一则成语，刻画人们这样一种普遍的心态：

❶ （清）金缨编，张英华注解：《格言联璧》，中州古籍出版社，2010，第258页。
❷ ［英］伯纳德·M. W. 诺克斯著，游雨泽译：《英雄的习性：索福克勒斯悲剧研究》，生活·读书·新知三联书店，2023，第46页。

"掩耳盗铃"。现实中，人们的确就是这样明显地标榜自己的幼稚和荒诞，面对自己的不完美，人们竟然是这样容易地做到了视而未见。

晋灵公生性残暴，时常借故杀人。一天，厨师送上来的熊掌炖得不透，他就残忍地把厨师当场处死。正好，尸体被赵盾、士季两位正直的大臣看见。他们了解情况后，非常气愤，决定进宫去劝谏晋灵公。士季先去朝见，晋灵公从他的神色中看出是为自己杀厨师这件事而来的，便假装没有看见他。直到士季往前走了三次，来到屋檐下，晋灵公才瞟了他一眼，他轻描淡写地说："我已经知道自己所犯的错误了，今后一定改正。"士季听他这样说，也就用温和的态度说道："谁没有过错呢？有了过错能改正，那就最好了。如果您能接受大臣正确的劝谏，就是一个好的国君。"

但是，晋灵公并非真正认识到自己的过错，行为残暴依然故我。相国赵盾屡次劝谏，他不仅不听，反而十分厌恶，竟派刺客去暗杀赵盾。不料刺客不愿去杀害正直忠贞的赵盾，宁可自杀。晋灵公见此事不成，便改变方法，假意请赵盾进宫赴宴，准备在席间杀他。结果赵盾被卫士救出，他的阴谋又未能得逞。最后这个作恶多端的国君，终于被赵盾的弟弟赵穿杀死。

《将相和》的故事我们耳熟能详，将军廉颇听信谗言，在朝堂上为难宰相蔺相如，可对方退避三舍，在朝堂上不与他作对，在路上见到他绕行，蔺相如说："一个国家如果文武不能同心协力，必遭灭亡，所以我总是躲着他。"这话传到廉颇耳朵里，第二天，他背负荆条，去相府请罪，从此将相和，力保国家昌盛，由此也引出了"负荆请罪"这个成语，堂堂将军知错后都肯下跪认错，所以说我们得知自己犯错不可怕，可怕的是犯错却不知改正。

日本著名作家村上春树受到日本读者的喜爱，可就是这样优秀的作家，年轻时不学无术，抽烟、喝酒、打牌、翘课他都干了，但之后他认识到了自己的错误并改正，终于成为一代著名作家。

项羽年纪轻轻就破釜沉舟立下不世之功，可就是这样一位著名的猛人，却没有做到知错就改，骄傲的内心使他在很多人向自己提出意见之后，仍视而不见，假使他在别人提出意见后能够改正，或许也不致落得兵败身死的下场。知错就改其实说得容易做起来很难。

"君子闻过则喜，有则改之无则加勉；小人闻过则恼，有则隐之无则恨之。"❶

君子与小人之所以同者以及之所以异者。荀子首先承认君子与小人在先天性的资质、本性、智慧、才能，以及天生所具有的好荣恶辱、好利恶害等方面都是一样的。他说："材性知能，君子、小人一也；好荣恶辱，好利恶害，是君子、小人之所同也"❷。就人的本性来说，实际上人人都是一样的，不存在有的人有，有的人没有的情况。只要是人，作为一个生命体的人，他们都天生具有同样的本性。荀子始终坚持人生而一样的立场。他说"凡人之性者，尧舜之与桀跖，其性一也；君子之与小人，其性一也"（《荀子·性恶》）。

那么是什么原因，最终使本性都相同的君子与小人彼此之间有了差异呢？在荀子看来那是因为在后天中对待自己的本性的方式的不同、产生了君子与小人的判分。君子之所以为君子，那是因为他们能积极地实行"化性起伪""注错习俗之当"；小人之所以为小人，那是因为他们"纵性顺情""注错习俗之过"。

第一，君子及其善行在于"人为"。所谓的"化性起伪"是指

❶ （春秋）孔子著，（南宋）朱熹集注：《论语集注》，金城出版社，2023，第 67 页。
❷ （战国）荀况著，王天海校释：《荀子校释》，上海古籍出版社，2016，第 285 页。

变化本性，兴起人为。实际上"化性起伪"就是落实在一个"伪"字上。伪者人为也。荀子认为就人的本性来说乃是呈现"好利焉""疾恶焉""好声色焉"诸性，而如果依顺着"它们"，那必然会产生种种恶果，所以必须对此进行变化或者说改造，而所有这些变化和改造的工作都是在人的后天来得到实现和完成的，简言之，都是后天人为的结果。而"化性"的客观基础正是"注错习俗"。注错者，放置也，特指行为举止。习俗者，习惯风俗也。故所谓"注错习俗"是指行为举止，习惯风俗，这些风俗统称为后天生活学习环境。通过后天的种种方式来恰当得当地措置人先天的资质、才能、智慧，一句话，如何正当地而又恰当地措置对待人的先天本性以及习俗的节制是变化本性的决定因素，从而也是成为君子的决定因素。"注错习俗，所以化性也"（《荀子·儒效》），此之谓也。

在荀子那里，"人为"之"伪"主要是专就人的善行以及君子所为而言的。"人之性恶明矣，其善者伪也"（《荀子·性恶》），此之谓也。因此，君子所为具体体现在，其一，积极变化人之本性；其二，恰当处置人的材质；其三，形成好的习俗。认清人的本性且变化本性是成就善行和成为君子的必要和先决条件。人究竟是以什么本性而存在的呢？在荀子看来，那就是喜好利益，妒忌憎恨，喜好声色。作为君子正是要变化掉这些本性。针对这一人之本性，通过"化性起伪"而成善以及成就君子。所以荀子明确指出"言必当理，事必当务，是然后君子之所长也"（《荀子·儒效》），"故君子务修其内，而让之于外；务积德于身，而处之以遵道。"（同上），"故人知谨注错，慎习俗，大积靡，则为君子矣"（同上），"今人之化师法，积文学，道礼义者为君子"（《荀子·性恶》），"则君子注错之当"（《荀子·荣辱》）。也就是说，通过师法教化，修身积德，磨炼品行，遵循礼义，谨慎恰当地措置自己的材性知能，小心慎重地对待外部的风俗习惯即可成为君子。

第二，小人及其恶行在于"纵性"。小人所为恰恰与君子是相反的。"小人反是"（《荀子·修身》），此之谓也。其行具体体现在，其一，顺从且放纵人之本性；其二，错误处置人的材知；其三，养成坏的习俗。综上所述，荀子认为，人之性在于喜好利益，妒忌憎恨，喜好声色，而如果依顺着这一本性，就会出现"争夺生而辞让亡焉""残贼生而忠信亡焉""淫乱生而礼义文理亡焉"（《荀子·性恶》）的情况，而小人正是这样做的。荀子说"纵情性而不足问学，则为小人矣"（《荀子·儒效》），"人之生固小人，无师无法则唯利之见耳"（《荀子·荣辱》），"纵性情，安恣睢，而违礼义者为小人"（《荀子·性恶》），"而小人注错之过也"（《荀子·荣辱》）。也就是说，放纵本性而不重视学习，拒绝师法教化而一味趋利，放纵个人的性情，胡作非为，违背礼义，错误不当地措置自己的材性知能，就成为小人了。

第二章
君子的实践品格

第一节　君子之行

　　君子之道也，贫则见廉，富则见义，生则见爱，死则见哀。四行者不可虚假，反之身者也。❶

　　行：象形字，图形是十字大路交叉的样子，后来经过统一文字，原来的十字路口交叉已经演变成为两行大道的样子，像是"人走路的样子"。许慎则说"行"字是"人之步趋也，从彳，从亍"，彳、亍都是走走停停的意思。逐渐引申为"离开""从事""所作所为""可以""经历"等意。"行"的本来意义就是十字交叉路口，因此"道路"是它的本义，《诗经·小雅·小弁》：行有死人。❷ 作动词用的意思比较丰富，如"施用"，《周易·系辞上》：推而行

---

❶ （清）毕沅校注，吴旭民校点：《墨子》，上海古籍出版社，2014，第 47 页。
❷ 程俊英、蒋见元译注：《诗经注析》，中华书局，2017，第 144 页。

之谓之通。❶ 作"做、从事"义，《墨子·行经》：行：为也。

思利寻焉，忘名忽焉。修身思想是墨家思想体系中的主要组成部分，在《墨子·修身》中，墨子强调："君子察迩而迩修者也。见不修行，见毁，而反之身者也，此以怨省而行修矣……君子之道也，贫则见廉，富则见义，生则见爱，死则见哀。四行者不可虚假，反之身者也。"墨子认为，贤明的君主治理天下，必定明察左右、招徕远人；君子能够明察远近，提高自身的修养。君子看到左右之人非但不能修养品行，还要诋毁自己，就反躬自问，这样他们的抱怨和诋毁之言减少，品行也得到修养提高。有良好道德修养的人，贫穷时要表现他的廉洁，富足时要显示他的义气，生时被人爱戴，死时为人哀悼，这四个方面不可虚假，而且要反身自问是否有虚伪之处。存在心底的是无尽的爱；自身的举止行为是无限的谦恭；出口之言是无限的善良。"君子之行，动则思义，不为利回，不为义疚。"❷ 意思是：君子行动就要想着与礼义的要求合乎与否，办事就要想着合乎道义与否；不做因私利而违背礼义的事情，不做因不合乎礼义而使自己感到内疚的事情。

"圣人"可以不做，"君子"可以不求，但是要做人，修身不可不行。人之修身，修什么？就是修"四行"，贫贱时该怎样做，富贵时该怎样做，活着该怎样做，见死者该怎样做，《墨子》都说到了。一贫、一富、一生、一死，见你的修养，见你的人品，见你的精神，见你的道德。"力事而强"，就是决断力越来越强，办事能力越来越强，运筹帷幄的水平越来越高。"愿望而逾"，根据清人孙诒让《墨子闲诂》："逾"字，应为"偷"字，属于同声假借。《礼记·表记》："君子庄敬日强，安肆日偷。"郑玄注："偷，

---

❶ （明）来知德撰：《周易集注》，中华书局，2019，第816页。
❷ （宋）范晔撰，（唐）李贤等注：《后汉书》，中华书局，2000，第198页。

苟且也。"所谓"设壮日盛","'设壮',疑作为'饰庄'",那么"君子力事日强,愿欲日逾,设壮日盛"(《墨子闲诂》)的意思就是:一个人办事能力强了,不懈怠,不免苟且偷闲,而且尽可能地掩饰自己。"贫见廉","富见义","生见爱","死见哀",君子的一生这"四行"是实实在在的,不能来虚的假的,反之就会危害自身。"藏于心者,无以竭爱。动于身者,无以竭恭。出于口者,无以竭驯。"只有把"四行"藏于心中,爱心才不会枯竭;只有把"四行"落实到行动上,才不会应付差事而不恭敬;只有天天把"四行"挂在嘴上,才不会忘记这样的训条。

墨子把自己伦理正义主张的终极理由归因于天的意志,类似于古希腊晚期哲学斯多葛主义提出的个人之所以必须克制欲望提高德行,乃是为了使自己的目的服从宇宙演化的秩序。就当代哲学发展来看,宇宙演化是否有一明确目的尚无定论。但是个体担负促进社会和谐发展的责任,应该根据社会的发展秩序要求归置自己的思想观念和行为方式,却是极其重要的理念。当然,具体的伦理要求不是形而上的本体论存在,而是会随着社会的进步为了构建稳定的秩序而不断地变化,因此并不是以天道等形式永恒存在的。

不过墨子同时认为天虽然会规定一系列具体的伦理准则,但是不会强制规定人的命运,认为"命者,暴王所作,穷人若术,非仁者之言也"(《墨子·非命下》)。认为宿命论会导致人们推动社会发展的积极性受到挫伤,"今虽毋在乎王公大人,黄若信有命而致行之,则必怠乎听狱治政矣,卿大夫必怠乎治官府矣,农夫必怠乎耕稼树艺矣,妇人必怠乎纺绩织纴矣"(《墨子·非命下》)。所以"今用执有命者之言,则上不听治,下不从事。上不听治,则刑政乱,下不从事,则财用不足。"(《墨子·非命上》)既然通

过教化民众来推动社会进步，就不应该强调宿命论，"教人学而执
有命，是犹命人葆而去其冠也"（《墨子·公孟》）。在这里体现了
墨子朴素的辩证法思想，既以形而上的方式阐述了伦理原则，又
避免了唯心主义的历史观对于人们在实践层面的创造性和积极性
的限制。

　　作为古代思想家的墨子，其一系列主张彰显了朴素的唯物主
义立场和平民情怀，对今天的社会治理仍有很大启示。为了打破
贵族对于社会管理资源的绝对垄断，墨子首先致力于继续从平民
中培养人才，提出为了更好地给国家作出贡献，君子要提高自己
的修养，做到"贫则见廉，富则见义，生则见爱，死则见哀"
（《墨子·尚贤上》），也就是处于不同的人生境遇和社会环境，都
要在处理生活中的矛盾的过程中体现出自己的修养。同时，墨子
认识到社会环境的消极因素对个体的影响，所以墨子认为不论国
君还是大臣，都要防止小人的影响。只有坚守自己的道德追求不
被小人影响，才能保证成为有用的人。

　　墨子对于国家治理的这些具体意见，无疑对封建社会的统治
者起到很大的积极作用。可是墨子出生微贱，在当时的政治体制
中始终没有充分的话语权，也就是不具有正当的实践自己政治主
张的制度支持。基于此，墨子提出自己是为了天下幸福，丝毫不
为自己的牟利的"义"这一伦理理念，来为自己的学术研究和社
会活动进行合理的辩护，墨子及其弟子宣扬"今用义为政于国家，
人民必重，刑政必治，社稷必安"（《墨子·贵义》）以及"万事
莫贵于义"。努力奔走说服诸侯各国践行符合"义"的治国原则。

　　墨子的平民立场在中国几千年的封建历史中始终没有占据主
流，但是其行义的精神一直流传下来并形成了"天下为公"的文
化和奉献精神，成为维护社会稳定和发展的重要实践力量，深刻

影响了中国历代知识分子，时至今日仍有大量中国知识分子不求回报为国家利益奔走呼号。在新时代背景下，要想推动社会进步和民族复兴，当代中国知识分子对墨子的这种平民立场和践行群众路线具有深刻共鸣，也有利于继续发掘和阐释中国古代的民本思想。其"天下为公、无私奉献"的精神应得到一定程度的宣传，以提高全体公民的社会责任感，抵制个人主义、拜金主义等腐朽思想，推动社会主义精神文明健康发展。"君子之行：思其终也，思其复也。"（《左传》）

君子与小人行为方式的差异性。在荀子看来，由于对待人性的态度和方式的不同而造成了君子与小人的判分。荀子向人们表达的思想是，君子并不是天生就是君子的。换句话说，就每个人的本性来说，本来就是小人。这一观点是与他的人性本恶，"其善者伪也"的思想是相一致的。荀子指出："人之生固小人，无师无法则唯利之见耳。人之生固小人，又以遇乱世，得乱俗，是以小重小也，以乱得其乱也。"（《荀子·荣辱》）就是说，每个人都是生而为小人的，如果没有老师教导，没有法度约束，那么就只会看到财货和利益罢了。天生为小人加之偏逢乱世，再接触昏乱的习俗，其结果必然会更加地变为小人，更加地昏乱不堪。所以，如何变化人的天生的小人之本性，当然地成为荀子君子思想的重心之所在。正是基于对待人的本性态度的迥异，因而造成了君子与小人在许多方面的对立与不同。

第一，君子循道德、隆师亲友，小人纵欲望、轻师远友。荀子认为，一个人要成为善人和君子，那是一定要正确对待自己的本性并加强后天的师法教化和道德修养。所以能否"乐其道，重其德，隆其师，亲其友"成为判分君子与小人的标准。荀子说："君子乐得其道，小人乐得其欲；以道制欲，则乐而不乱；以欲忘道，则惑而不乐。"（《荀子·乐论》）意思是说，君子以能得到道德而感到快乐，而小人以能满足欲望而感到快乐。用道德来控制欲望，就会欢乐而不悖乱；纵恣欲望而忘却大道，就会迷惑而不快乐。小人也会表面上作出依循道德的样子，但其实质乃是为了达到他们的私利而已。荀子说："彼以让饰争，依乎仁而蹈利者也，小人之杰也。彼固曷足乎大君子之门哉？"（《荀子·仲尼》）也就是说，以谦让来掩饰争夺，依靠仁爱之名来实现自己的私利，此乃小人中的典型代表，如此之人是绝对不配列入以孔门为代表的君子之门。

君子之所以能成为君子，小人之所以一直为小人，其中一个非常重要的因素是君子从不拒绝对自己修身能起到重要作用的老师和朋友，而小人则从来不愿意这么做。在荀子看来，老师和朋友都是能按照道义的原则去行事，包括对自己的评价都能做到实事求是，绝无虚浮和不实之词。故荀子才说："非我而当者，吾师也；是我而当者，吾友也；谄谀我者，吾贼也。"（《荀子·修身》）意思是说，否定甚而正当和恰当地指责我的人，他就是我的老师。肯定进而赞扬我正当和恰当的人，他就是我的朋友。而那些没有任何原则地一味只知道阿谀奉承我的人，就是害我的贼人。这里是以"当"与"不当"来作为判断是否师友，进而是否君子为标准的。

正是因为君子"隆师而亲友"并厌恶那些贼人，所以君子就表现出这样的优秀品行：爱好善良的品行永不满足，受到劝告就能警惕，如此一来即使不想进步也是不可能的。所以荀子才说："故君子隆师而亲友，以致恶其贼。好善无厌，受谏而能诫，虽欲无进，得乎哉？"（《荀子·修身》）而小人完全不是这样做的，"小人反是"，此之谓也。具体说来，小人常表现出如下的恶劣品行：自己制造了混乱却反过来攻击别人对自己的批评和否定（"致乱而恶人之非己也"），此其一；自己本身无才无能，却非要求别人说自己贤能（"致不肖而欲人之贤己也"），此其二；自己从内到外宛如虎狼禽兽，却又憎恨别人指出其罪恶和揭露其贼脸（"心如虎狼，行如禽兽，而又恶人之贼己也"），此其三；亲近那些谄媚讨好，阿谀奉承自己的人，疏远那些敢于进谏，真心规劝自己改正错误的人（"谄谀者亲，谏争者疏"），此其四；把别人出自善良正直的话当成是对自己的讥笑，把别人出自绝对忠诚的行为当成对自己的戕害（"修正为笑，至忠为贼"），此其五。

概而言之，做事昏乱而憎恨别人批评劝阻，不学无术而要求别人夸赞他有才能，心肠狠如虎狼，行为毒如禽兽而忌恨别人指责，亲近阿谀奉承、溜须拍马之人，疏远直言谏劝、据理力争之人，将善正之言反当作讥讽，将忠诚之行反视为贼害，凡此种种构成了小人之行。如此之人，虽然想不失败和灭亡，却怎么可能呢？

值得注意的是，荀子向人们发出了"得乎哉"的追问。这是从最终结果上来提醒和告诫世人，只要你具备了君子的美德善行，虽然你不想进步成功，"得乎哉"——那怎么可能呢？只要你具备了小人的丑德恶行，虽然你不想失败灭亡，"得乎哉"——那怎么可能呢？

第二节　君子之患

君子有三患：未之闻，患弗得闻也；既闻之，患弗得学也；既学之，患弗能行也。

——《礼记·杂记》

患：从心，"串"就是穿在绳子上的一组东西，把穿在细绳上的一组东西放在心口上面悬挂起来就是提心吊胆，本义：担心。《说文解字》：患，忧也。另外也作"厌烦、憎恶"，《广雅·释诂三》：患，恶也。《汉书·申公传》：戊不好学患申公。❶

《礼记·杂记下》记："君子有三患：未之闻，患弗得闻也；既闻之，患弗得学也；既学之，患弗能行也。"这就是说，听闻、学习的最终目的在于应用，在于实践，在于落实到自己具体的行动上。《论语·公冶长》也记载说："子路有闻，未之能行，唯恐有（又）闻。"是说子路在学到知识之后，急于付诸实践，如果还没来得及实践，就害怕再学到新的知识。《论语》中还记载孔子积极鼓励动员其弟子出仕，还曾向当政者推荐他的弟子从政，而为政本身即是"习"。孔子自己也是这样做的，汉代徐干《中论》卷上《修本》记载："孔子谓子张曰：'师，吾欲闻彼将以改此也。闻彼而不改此，虽闻何益？'"学习就是为了完善自己，这与孔子所倡导的"古之学者为己"正相契合。可见，"学"必须与"习"紧密结合。学到知识又能运用得上，自然是令人愉悦的。

君子修身，重在完美；君子修养，重在自检。君子总是对自己严格要求，一丝不苟，生怕有一处做得不到位，有一事做得不够好。君子近乎苛刻地要求自己，目的在于做一个不断进步的人，能承担大任的人。但是君子并不以才华自居，也并不以职位为求。君子的境界不在于理想和目标是否一定要实现，而在于个人内心的道德品质是否能够达到标准。故宋代人胡宏就有"君子之游世也以德，故不患乎无位"。君子为了长远的目标和理想，极尽刻苦之能事，砥砺前行，正如苏轼所说："君子之所取者远，则必有所

❶　（汉）班固编撰，颜师古注释：《汉书》，中华书局，1962，第 268 页。

待；所就者大，则必有所忍。"❶

君子志存高远，胸怀远大，不以眼前得失为害，也不以个人名利为荣，是故"君子祸至不惧，福至不喜"❷。君子志在天下万民，四海苍生。如唐代诗人孟郊在诗中所写"君子量不及，胸吞百川流"，也就像明人薛萱所说："君子浩然之气，不胜其大，小人自满之气，不胜其小。"理想的实现和目标的完成，需要有坚韧不拔的毅力和付出，因此君子时时刻刻关注的是个人的努力与否。君子把眼光放在国家大事、社稷发展上面，就会时时刻刻为国操心，"是故君子有终身之忧，无一朝之患也。乃苦所忧则忧之。……如有一朝之患，则君子不患矣。"（《孟子·离娄下》）

子曰："不患人之不己知，患不知人也。"（《论语·学而》）

子曰："不患人之不己知，患其不能也。"（《论语·宪问》）

君子注重品学兼修，尤其重在自省自评。患不知人也，因为不了解别人，担心误解别人。别人不了解我，我还是我，于我自己并没有什么损失。所以，"人不知而不愠"，不值得忧虑，更没有怨天尤人。相反，"画虎画皮难画骨，知人知面不知心。"我不了解别人，则不知道别人的是非邪正，不能亲近好人，远离坏人，这倒是值得忧虑的。

当然，说时容易做时难。所以圣人不仅在《论语·学而》开篇告诉我们说："人不知而不愠，不亦君子乎？"而且又在文末一章里再次语重心长地说："不患人之不己知，患不知人也。"全篇恰好首尾照应。有才有德的君子做人做事，不是为了讨好别人，因此，当面对别人的埋没荣誉的时候，可以泰然处之；因为不为

---

❶ （北宋）苏轼著，文一言编：《苏东坡集》，中国华侨出版社，2016，第 234 页。

❷ （汉）司马迁撰，（南朝宋）裴骃集解，赵生群修订：《史记》，中华书局，2014，第 380 页。

求荣誉，当然也就不怕别人的诋毁。君子以宽容的心态来对待别人，所以，不求全责备，当自己不被别人了解的时候，却不责怪别人的不了解。君子如果不能了解别人，那便不符合君子的标准：一方面表明自己的才德修养不够，因此难以宽容地对待别人；另一方面容易使自己误解别人，由此而产生评价失误。所以，不必因为别人不了解而忧伤埋怨，但是应学会了解别人。

患其不能也，学习不单是一个知识积累的过程，更是修身养性的一个重要方法。孔子说："吾尝终日不食，终夜不寝，以思，无益，不如学也。"（《论语·卫灵公》）意思是说一个人生活在众人当中，并且只有在社会当中才有意义。但学习不是一个人的事，如果一个人只要冥思便可以通达一切，就不需要学习了。但人是生在社会中，众人并不统一，各有所长，学习必然是向众人学习。一个人要想成为君子，在为人处事方面做到恰如其分，只有通过学习才能做到。如果不学习，一个人很难处事为人，弊端颇多，孔子讲的六言六弊就是这个意思。

子曰："由也！女闻六言六蔽矣乎？"对曰："未也。""居！吾语女。好仁不好学，其蔽也愚。好知不好学，其蔽也荡。好信不好学，其蔽也贼。好直不好学，其蔽也绞。好勇不好学，其蔽也乱。好刚不好学，其蔽也狂。"（《论语·阳货》）

由此可见学习的重要性。既然知道了学习的重要，就能够以学砥砺自己进步，不再发牢骚，而是代之以多学多问多思考。明白一分辛苦一分才的道理，经过学习，能力提高了，众人可见，谁还能埋没你呢？

人与禽兽的差别在于人拥有良心，而禽兽没有。孟子认为，君子正是将良心视为人之为人的根据，也就是说，君子是将良心规定为性或者说人性。在明确人与禽兽差别的基础之上，孟子又进一步讨论了君子与一般人的差别问题。在孟子看来，君子之所以为君子而表现出不同于一般的最根本之处在于君子能够保存住作为人性的良心，而一般人却做不到这一点。孟子在《孟子·离娄下》有以下两句最著名的论断："人之所以异于禽兽者几希，庶民去之，君子存之"，"君子所以异于人者，以其存心也。"君子与一般人之所以不同，原因在于对于人性或说良心持有不同态度：君子保存良心，一般人丢弃良心。于是儒家借助君子这一主体将人性大大高扬，将良心大大发扬。

在孟子看来，尽管良心包括怵惕之心、羞恶之心、辞让之心、是非之心即"四心"，但是，孟子在论述"四心"的时候，反复提到的是第一个心，并使用了多个不同的概念来表示它，这个心是怵惕之心、恻隐之心、不忍之心。怵是恐，惕是惧，恻和隐是悲痛、可怜。所以说，怵惕是恐惧害怕的意思，恻隐是悲痛可怜的意思。什么叫不忍？是看不下去，是可怜、怜悯、同情。战国时期的齐宣王因为看到一头牛意识到自己将被屠宰后而感到恐惧战栗的样子而看不下去（"吾不忍其觳觫 {hú sù}"），决定以羊做交换。孟子认为齐宣王这样的举动"是乃仁术也"，即这种不忍心正是仁慈的表现呢！所以孟子得出以下结论"君子之于禽兽也，见其生，不忍见其死；闻其声，不忍食其肉。是以君子远庖厨也"（《孟子·梁惠王上》）是说，君子对于飞禽走兽，见到它们活着，便不忍它们死去；听到它们哀叫，便不忍心吃它们的肉。所以，君子远离厨房。汉代贾谊在《新书·礼》也指出："故远庖厨，仁之至也。"❶ 对于动物之生死，君子都有一颗怵惕恻隐不忍之心，更何况对于同类的人。救死扶伤是人的良心使然，在这里有的只

---

❶ （汉）贾谊著，阎振益、钟夏校注：《新书校注》，中华书局，2000，第230页。

是不计名利，超越利害的至善的良心。怵惕之心，恻隐之心，不忍之心是仁德的开端，只要呈明此心，仁德当会产生。君子有此心当有此仁德，当会依仁而行事矣。

不仁爱的事情不做，不合礼义的事情不做，如此，即使有一时的祸患，君子也不会忧虑。

值得注意的是，上述篇目是孟子论述"君子"最集中的地方，在多个层面论述了君子的德行及其具体表现。对这些问题的展开，实际上是对儒家思想的基本理念及其修行方法的展现。

其一，良心是儒家全部思想的基础，尤其是儒家"人性论"的根基。所以"存心养性"成为儒家全部思想开展的前提。而这一"存心"的任务则由君子率先承担。

其二，仁、礼二德代表着儒家思想的核心价值观。实际上在儒家所有道德目标中，始终是以"仁德"为全部大德的，因为"仁德"的道理和精神在于"爱"，其他所有道德目标都是从不同方面来具体反映"爱"的道理和精神的。按照"仁爱"的原则去做就是"义"。"行而宜之之谓义"（韩愈语），此之谓也。所以说，"仁德"是儒家文化核心中的核心。儒家一以贯之地"留意于仁义之际"（《汉书·艺文志》语）。而这一"行仁"任务就由君子来承担。

其三，儒家思想非常重视人与人之间的情感沟通交换。这是基于"人同此心，心同此理"。通俗地说，你只要对别人爱，别人就会反过来去爱你，同理，你只要对别人敬，别人就会反过来去敬你。"爱人者，人恒爱之；敬人者，人恒敬之"，此之谓也。而这一"交换"任务就由君子首先来承担。

其四，儒家十分强调"自省""自反"等修行方法。具体说来，是在好意不被别人所理解，善行不被别人所感应等情况下，尤其是面对那些蛮横无理的人（"横逆者"）首先要从自身寻找原因，而不是将责任首先推给别人，"行有不得者反求诸己""君子必自反也"，此之谓也。而且这种"自反"不是一次性的，而是反复多次。这一"自反"任务就由君子来承担。当然如果这个"横逆者"在君子三番五次地"自反"并对其做出善举，其却始终自行其是，那么，在这种情况下，君子自有他的气节，就会将其视为禽兽而不与其计较。

第三节　君子之鉴

君子有三鉴：鉴乎前，鉴乎人，鉴乎镜。前惟训，人惟贤，镜惟明。

——《群书治要》

鉴：鉴的初文是"监"。"监"是会意字，古字形像人跪或立在器皿旁边自鉴其容。以铜为鉴（镜子），大约是春秋末期或战国初期的事了。在这之前，人们就靠水来自知其容颜。后来有了铜镜，加之"监"的引申义使用频率增高，至春秋时代用作器物名称加"金"字底。《说文解字》：大盆也。一曰监诸，可以取明水于月。注曰：盆者，盎也，凌人，春始治鉴。鉴的原义作"盛水的容器"，《诗经·邶风·柏舟》：我心匪鉴。《周礼·天官·凌人》：春始治鉴。作"镜子"义，《庄子·德充符》：鉴明则尘垢不止，止则不明也。❶ 也作"警戒或引为教训的事"，《诗经·大雅·

---

❶ 孙通海译注：《庄子》，中华书局，2007，第200页。

荡》：殷鉴不远，在夏后之世。

《旧唐书·魏徵传》李世民：夫以铜为镜，可以正衣冠；以史为镜，可以知兴替；以人为镜，可以明得失。朕常保此三镜，以防己过。今魏徵殂逝，遂亡一镜矣！❶

人生如戏，戏如人生。但人生与戏不同，人生从来不会有再来一次的机会。只有以史为鉴，才能在人生道路上避免错误、少走弯路；只有从历史中总结经验教训，才能制定正确的治国理政之道，促使国家长治久安。历史是人一生的真实记录，亦是一个国家形成、发展及其盛衰兴亡的真实记载。

习近平总书记在山东考察时曾说过："我国古代史、近代史、现代史构成了中华民族的丰富历史画卷。领导干部要多读一点历史，从历史中汲取更多的精神营养。"❷ 欲知大道，必先知史。中国作为一个具有五千多年历史的泱泱大国，其文化也是源远流长。在中国的史籍书林之中，蕴含着十分丰富的人文历史、医药卫生、治国理政等多方面内容。通过读史，我们能了解别人的生平经历，能看到当时社会的繁荣衰落，能熟知国家兴盛衰亡的原因……

以史为鉴，我们不仅要牢记历史，更要从历史中汲取经验教训。清代的覆灭史告诉我们，想要发展就必须对外开放；八国联军侵华战争告诉我们，想要不被侵犯，只有发展军事力量；中国经济的高速发展告诉我们，只有合作共享，才能促进经济共同发展，没有哪个国家的发展是仅仅依靠自己的力量……以史为鉴，我们要从历史中去寻找正确的发展方向，坚定道路，从而书写新历史，开创辉煌新篇章。

所以墨子说："君子不镜于水，而镜于人。镜于水，见面之

---

❶ 龚向农、龚道耕：《旧唐书轧逸》，四川大学出版社，1990，第199页。
❷ 习近平：《习近平谈治国理政·第4卷》，外文出版社，2022，第312页。

容；镜于人，则知吉与凶。"❶ 墨子的"镜子学说"是劝导人们要像君子那样，不要以水为镜，而应以人为镜。"以人为镜"是一个人成熟的标志，也是一个人懂得完善自己、理解他人的体现，更是一个人能够立足于世的基本方法。"以人为镜"，贵在自觉对照，弃旧图新。

以人为镜，首先就是要正确认识自己。要把别人的评价当作反思自己的镜子，多角度全方位认识自己，在倾听中发现自己的不足，促使自己不断进步。《墨子·修身》认为，君子善于明察，从身边之事做起。若是自己没有修炼好而受人诋毁，那就自我反省，这样既可以减少怨恨又可以加强修行。在他人的评价中当然也有谗害诽谤之言，我们大可不必不入于耳，也不必出口攻击他人，更不必心存伤害人的念头。要有则改之，无则加勉。

人的发展离不开社会，我们在社会中生存，注定要面对种种问题，在面对各种各样的问题时，有时候作为个人，我们可能会迷茫，会手足无措。在这种情况下，我们做出选择的时候不妨先保持一个平和的心态，以这种平和的心态去做出选择，而不是在烦乱时。因为在烦乱时可能会做出与自己真正想法不同的选择，这时候我们也可以去寻求朋友的帮助和建议，但是无论如何我们都应该聆听心中细微的语言，觉察自己的情绪。在即将对负面情绪做出愤怒，急躁，伤心的反应时，我们不妨先问问自己为什么会出现这些情绪，是不是自己也在看轻或在指责自己？其实当一个人对你出言不逊时，并不是你的错误，是因为对方内心并没有感到美好的缘故。你会允许别人做自己吗？当你赞赏别人做自己时，通常也会赞赏自己去做自己的。

在现实生活中，我们也可能存在难以认清自己的问题，所谓

---

❶ （清）毕沅校注，吴旭民校点，《墨子》，上海古籍出版社，2014，第40页。

人最难认识的其实就是自己。如何在工作或学习中给自己一个准确的定位，做到不骄不躁，这就需要我们保持虚心的态度。以人为镜，时刻以身边道德高尚的人为榜样，不断提升自己，但不要在没有完成时指责自己，接受这是个自己提升时的一个自然的过程。重要的是做一个对自己的各种境遇情绪负责的人，因为一切都是我们的选择。

《大学》《中庸》《论语》《孟子》以及《荀子》这些儒家经典非常详细地指出了"不当其所为"的君子之义的内容。

其一，君子不应当做不仁的事。以仁存心，以仁修身是儒家一以贯之的原则。同理，君子之所以为君子乃是建立在有仁爱之心、有仁爱之行的基础上，如果离开了这一核心价值观，就不可能成其为君子矣。这也就是为什么孔子那么强调君子不应该去掉仁的原因所在。孔子说："君子去仁，恶乎成名？"（《论语·里仁》）君子之名与仁爱紧密不可分离，成全人之美，帮助人之需，给予人之求就是仁爱，照此去做就是义。"博爱之谓仁，行而宜之之谓义"（韩愈语），此之谓也。如果违背此道，那就是成全人之恶，如此就不是君子应该做的事了。所以，孔子才指出："君子成人之美，不成人之恶"。（《论语·颜渊》）

作为一个君子你就不应该将连自己都做不到的和连自己都厌恶的事情推及和强加给别人，这就是儒家特别强调的"忠恕之道"。将美好的事情推及给别人，这是应该做的；将不美好的事情强加给别人，这是不应该做的。你只有正面做到了你的应该以及反面做到了你的不应该，这才算实行了仁爱之道！《大学》和《中庸》都重点论述了这一问题。《大学》是通过对所谓"絜矩之道"的解释来申明儒家的恕道情怀的。《大学》说："是以君子有絜矩之道也。所恶于上，毋以使下；所恶于下，毋以事上；所恶于前，毋以先后；所恶于后，毋以从前；所恶于右，毋以交于左；所恶于左，毋以交于右：此之谓絜矩之道。"❶ 絜是量度，矩是画方形的工具，所以所谓"絜矩之道"就是法度的意思，它构成儒家道德上的一个重要原则和规范。自己若厌恶在上者不尊重我，那就不应当对我的下属不尊重；自己不希望下属对自己不忠诚，那就不应当背叛自己的上司。同理，当我们在社会中应对各种人际关系时，只要是你自己不愿意接受的某种方式和行为，那么你就不要用同样的方式和行为对待你交往的一方。这就叫推己及人，即以同理心替人设想，从而使人与我之间各得其宜，以达到人与人之间协调平衡的絜矩之道。

这一为君子所循的道德原则在孔子那里被视为"可以终身行之"的恕道"己所不欲，勿施于人"（《论语·卫灵公》），而在《中庸》里被视为君子之德的且是违道不远的忠恕之道："施诸己而不愿，亦勿施于人。"这一忠恕之道是要求人们，如果自己不愿意而厌恶的事情，不要将此强加到别人头上。另外，你要求别人做到的事情，自己要首先做到。也就是说，如果你要求别人对你做你自己都没做到的事情，这就不应该了。由此可见，忠恕之道的本旨就是要求人们不要做不应该的事情。也就是说，"不当其所为"的事情，作为有道德的君子你就不要去做。

其二，君子不应当做谋利而不谋道的事。丢弃道义而一味谋取衣食，因为贫穷而懈怠道义，不顾道义而被钱财收买，这是儒家一向否定的，也是君子"不当其所为"的事情。孔子说"君子谋道不谋食……君子忧道不忧贫"（《论语·卫灵公》），荀子说："士君子不为贫穷怠乎道"（《荀子·修身》），孟子说："焉有君子

---

❶ 王国轩译注：《大学·中庸》，中华书局，2006，第90页。

而可以货取乎?"(《孟子·公孙丑下》)理解儒家的这一君子之道,还是应该从道义与富贵财货的关系上来加以把握。也就是说,君子所不应该做的只是违道背义的单纯追求物利的行为。孔子的"不义而富且贵,于我如浮云"(《论语·述而》),正是这一精神的最好注脚。

其三,君子不应当做无礼的事。不仁不义之事是君子所不当为,无礼之事亦为君子所拒。在中国传统文化中,尤其是在儒家文化中,"礼"具四义。一是制度规则义,二是秩序等级义,三是恭敬庄重义,四是谦让不争义。通俗地说,"礼"具有法度与道德的双重属性和意义。作为君子是不会做那些违背礼的精神之事的。

第四节 君子之戒

君子三戒:少之时,血气未定,戒之在色;及其壮也,血气方刚,戒之在斗;及其老也,戒之在得。

——《论语·季氏》

戒:慎重、谨慎之意。《孟子·滕文公下》:"往之女家,必敬必戒,无违夫子。"戒:警也,戒备。《荀子·儒效》:"家富而愈俭,胜敌而愈戒。"劝诫,警告、劝导。

《诗经·小雅·大田》:"既种既戒。"

在儒家看来,修身养性不仅要学习要"修",还要学会控制"欲"。人的本性是一匹野马,需要知识道德去驯化和规制。在人的本性中"色""斗""得"是天性,也是美好品质养成必须面对的阻力。"食、色,性也。"孔子并不否认或无视人的本性,而是正视它，前提是要适度，不走极端，符合中庸之道。

"少之时，血气未定，戒之在色"。孔子说，"饮食男女，人之大欲存焉"（《礼记·礼运》），他并没有否定男女大欲，不过他告诫人们，人在少年，血气未定，倘若贪色纵欲，必然会自损其身，以致百病丛生。年轻人对于"性"的好奇古今皆然，唐代诗人白居易在《琵琶行》中有诗句："五陵年少争缠头，一曲红绡不知数。"李白的《少年行》描写："五陵年少金市东，银鞍白马度春风。"但是青少年若太放任自己，一是心理年龄尚未准备妥切，无法面对随之而来的责任；二是沉溺于情色，辜负了年少最珍贵的时光，所以孔子说要"戒之在色"。

顺应本性，并且引导本性和适当规制本性，凡事不可过度，否则会走向反面。从现代生理学的角度来看，人在少年时身体还未发育成熟，若贪色纵欲，自然会伤其根本。《礼记·曲礼》中说："三十曰壮，有室。"一个人到了三十岁的壮年，血气强健，心理成熟，这时才有妻室。这是充分考虑了人的身心状况的。少年时期，正好是学习知识、修炼技能、提高本领的大好时机，沉迷于"声色"，将一事无成，蹉跎一生。

"及其壮也，血气方刚，戒之在斗"，这是说人到了壮年时，年轻气盛，易于冲动，所以要戒斗。壮年戒斗培育的是人一身的和气，也是修炼性格、磨炼品质、提升涵养的大好时机。性格决定命运，斗是一种过于刚强的表现，在老子看来，"柔弱胜刚强""上善若水"；在《道德经》中老子更加直接地指出："物或损之而益，或益之而损。人之所教，我亦教之。强梁者不得其死，我将以为教父。"❶ 所谓"斗"，并不局限于直接的打架斗殴，凡一切意

---

❶ （春秋）老子著，张景、张松辉译注：《道德经》，中华书局，2021，第130页。

气用事之举，都属于"斗"。像韩信，不为屠夫言语所激，不是拔刀相向，而是甘受胯下之辱，可谓"戒之在斗"的典型。像《三国演义》里的周瑜，翩翩公子，才智卓绝，但气量狭小，时时欲占诸葛亮的上风，却每每棋差一着，临死前还连叫数声"既生瑜，何生亮"，可谓"戒之在斗"的反面事例。年轻时代，争强好胜，不容易妥协，太看重面子，好胜心强，这些都是"斗"，最终的结果导致"欲速则不达""适得其反"。圆融才是处世之道，妥协才能长久自保。孔子所谓"戒斗"，在老子那里被表述为"不争"，但无论是"戒斗"还是"不争"，都不能说他们是消极主义者。这一点，老子在《道德经》中的解释最为经典。他说，江海之所以堪为百谷之王，成为千百河谷归顺之处，是因为其在河谷之下。

"及其老也，血气既衰，戒之在得。"此处的"得"即贪得之意，包括对名誉、地位、金钱等的过分渴求，是人生的欲望。"贪"是老人家容易犯的毛病，《红楼梦》甄士隐注释的《好了歌》中有一句："因嫌纱帽小，致使锁枷扛。"❶ 意思是因贪求更多，而汲汲钻营，所以犯法。在老年阶段，应该要思考如何完美退场，才是正确的人生哲学。人至老年，身体、精力都与青壮年时不可同日而语，若仍强欲多得，则必须勉强为之，精力不逮，自然有损身心。西汉淮南王刘安在《淮南子》中讲："凡人之性，少则猖狂，壮则强暴，老则好利。"❷ 这句话可以看作对君子"三戒"的另一种阐释，但实际上仅以"好利"来解释"戒得"的对象难免过于狭隘。在儒家看来，人之老年，应当尽享天伦之乐，放下俗世。在哲学家眼中，得与失本来就是每个人都无法逃脱的自然法则。从出生开始，我们先是得到了生命、得到了父母亲人

❶ （清）曹雪芹：《红楼梦》，人民文学出版社，1996，第59页。
❷ 张双棣：《淮南子校释》，北京大学出版社，2013，第240页。

的关爱，接着我们通过学习得到知识，结婚得到家庭，又靠努力得到财富、事业和地位，最终随着我们生命的戛然而止，生命过程中所得到的一切又都终将失去。在整个人生历程中，少年和壮年基本都是在"得"，以至于我们忘了"失"的存在。而到了老年，人生开始离"失"越来越近，若此时仍有过分的欲得之心，要想达到"从心所欲不逾矩"的境界恐怕就很难了。

孔子所谓"戒得"并不是要老年人看破红尘，而是告诉他们要学会达观处世，看淡那些不可避免之"失"，习惯人生中的无常和不完满。正如季羡林先生所言："每个人都争取一个完满的人生。然而，自古及今，海内海外，一个百分之百完满的人生是没有的。所以我说，不完满才是人生。"❶ 这是一个智者应有的"戒得"之心。

孟子说，"夫志，气之率也"（《孟子·公孙丑上》），志向是血气之主，血气令少年好色、壮年好斗、老年好得，这是血气在人生不同年龄阶段的嗜欲表现。一个人若放任血气嗜欲横流，只能为欲所伤，自取灾殃；只有以志率气，随时知戒，才能保养得一身元气、和气、正气，命于志向。因此，一个人要以志率气，绝不能放任血气行事。

儒家之"礼"在道德层面上表现为对别人的"恭敬""庄重""谦逊"之上，具体则表现为"无争"。所谓"无争"就是不争强好胜，不争名夺利等。换句话说，强胜和名利这些外在的东西都不是君子应当去争夺的。孔子说"君子矜而不争，群而不党"（《论语·卫灵公》），君子庄重而不与人争执，合群而不结党。与人争执无非是想与别人争个输赢和高下，但在君子看来，这是一件没有意义的事情，而结党营私更非君子之所为。因为所有结党

---

❶ 季羡林著：《牛棚杂记》，北京理工大学出版社，2015，第130页。

者都是为了一己之私，太看重自己的利益，并将自己的得失看得太重。喜欢争胜与结党，其原因都在于心胸太狭隘，所以孟子非常有针对性地指出："隘与不恭，君子不由也"（《孟子·公孙丑上》)，狭隘与不恭敬、不严肃，都是君子所不取的。在生活中，许多人为什么会对别人颐指气使，盛气凌人，慢怠他人，其根本原因不是在于这些人是处于高位，有钱有势，而是在于心胸不够宽广，心地不够良善。这些人是想通过那种气势来证明自己的所谓存在感，是要"争得"一些威严感。

所以说，人的狭隘是处人处事不恭的真正原因，从而也是"争夺"的一种表现形式。儒家另一部重要经典《礼记》更明确指出："君子无不敬也"（《礼记·哀公问》)。所以："礼不逾节，不侵侮，不好狎"（《礼记·曲礼上》)。不逾越节度，不侵犯侮慢，不轻佻亲狎，这就是礼。那么如何来彰显礼呢？"是以君子恭敬、撙节、退让以明礼"（《礼记·曲礼上》)，君子是具体通过对人对事的恭敬、撙节、退让的行为来彰显礼的。而具有了这种精神和品质，自然就不会与人争斗，对人傲慢了。"君子尊让则不争，絜敬则不慢。不慢不争，则远于斗、辨矣。不斗、辨则无暴乱之祸矣，斯君子所以免于人祸也"（《礼记·乡饮酒义》)，做到了尊重谦让就不会有争斗；做到了洁净恭敬就不会有轻慢。没有了争斗和轻慢就不会有暴力和抗辩，没有了暴力和抗辩就不会有暴乱之祸的发生，这就是君子能避免人为的祸患的原因。

然而，你如果要问难道君子就什么也不争了吗？对此问题，实际上孔子给出了很好的回答。在孔子看来，如果君子之间存在所谓竞争的话，那也是在合礼的范围内与融洽的氛围中完成的，孔子称其为"君子之争"。他说："君子无所争。必也射乎！揖让而升，下而饮。其争也君子。"（《论语·八佾》）君子不为私利而去争夺，如果有争则一定是在射礼上吧！但他们首先相互行礼，然后登堂进行比赛，赛毕则下堂共饮酒。这样的争才是君子之争。也就是说，即使有争也是在礼义的前提下进行的，这样的竞争与那些为了名为了利而不顾一切地恶性竞争完全不是一个概念。所以这里实际上涉及一个"度"的问题。换句话说，儒家所肯定的"无争"就是反对那种有违"中庸"之道的无道无德与有私偏激的争夺行为。

所以说，"君子中庸"（《中庸》）之旨当包含这种"无争"的品德及其特色。对此荀子有过很好的论述。他说："君子宽而不僈，廉而不刿，辩而不争，察而不激，寡立而不胜，坚强而不暴，柔从而不流，恭敬谨慎而容，夫是之谓至文。《诗》曰'温温恭人，维德之基。'此之谓矣"（《荀子·不苟》）。君子正是在这种恰到好处的状态下实现着谦恭的美德。他宽厚却不怠惰，有棱角却不伤人，善辩却不争吵，明察却不偏激，端直却不好胜，坚强却不暴戾，柔顺却不逐流，恭敬谨慎却从容不迫，这是最好的温文尔雅的状态。

《诗经》中说"温和谦恭的人啊，以道德为根基"，说的就是这种境界的人。荀子所描述的君子之言行，不就是对"中庸"之道的最好诠释吗？所以我们才会以"温文尔雅"来称谓君子呢！由此可见，"君子中庸"真是一种做人的美德美行啊！

第五节　君子之惧

孔子曰："明王有三惧：一曰处尊位而恐不闻其过，二曰得志而恐骄，三曰闻天下之至道而恐不能行。"

——（《韩诗外传》卷七，注：明王，君子而得王位者。）❶

———————————————————

❶ （汉）韩婴撰，许维遹校释：《韩诗外传》，中华书局，2020，第35页。

惧：始见于战国金文，是汉语通用规范的一级字。本义为害怕、恐惧。由害怕、恐惧引申为忧虑、担心。又用作使动用法，表示使之害怕、恐惧，即恐吓、威胁。作"害怕"之义，《诗经·小雅·谷风》：将恐将惧，维予与女。作动词"警惕"义，《尚书·吕刑》：朕言多惧，朕敬于刑，有德惟刑。《论语·述而》：必也临事而惧，好谋而成者也。作"忧虑"义，《孟子·滕文公下》：世衰道微，邪说暴行……孔子惧，作《春秋》。

孔子说，英明圣君都会有三怕：一是怕身居尊位而无法知道自己过失；二是怕得意之时会骄傲自满；三是怕听闻到了天下至理真道而没能实践。孔子说的这三怕，言浅意白，当今每个管理者都值得镜鉴。明君三怕，不是所谓怕冷、怕热、怕胖、怕没钱、怕小人、怕事多等烦心小事。

君王三怕，正是圣君统治国家时，应该谨慎、戒惧的三件大事，当然暴君、昏君除外。任何一个人，都可能会陷入狂妄自大、无法采纳他人建言的自毁绝境中，唯内心存惧，心有敬畏，做事才会如临深渊，如履薄冰，而不会为所欲为，恣意妄为。更何况一个握有生杀大权、又恃持天命的君主，心中若没有"惧怕"，那将是一件多么可怕和恐怖的事情。而明君与我们一般人不同之处在于，他们能透过省思，而懂得"害怕"的重要性，进而学会心存三惧。绝顶聪明的君王必定明白，"戒慎恐惧"益于治国，益于朝廷，"过""骄""不能行"这"三惧"的终极结果，会导致皇族叛乱，家国亡佚。因此，任何一个想管理好国家、使天下人信服与幸福的君主，不会不怀"三惧"来督促自己，更加谨慎端正自身、修正德行。

唐太宗于《执契静三边》中言："衣宵寝二难，食旰餐三惧。"这意思就是说：天尚未亮，就穿衣起身；天黑暗了，才进食。看来，唐太宗因"三惧"，真是寝食难安，不然，怎能成千古明君呢？《韩非子·主道》指出，明君之道，使智者尽其虑，而君因以断事，故君不躬于智；贤者敕其材，君因而任之，故君不穷于无能。明君的原则是，使聪明人竭尽思虑，君主据此决断事情，所以，君主的智力不会穷尽；鼓励贤者发挥才干，君主据此任用他们，所以，君主的能力不会穷尽。

为了诠释"三惧"，《韩诗外传》分别讲了三个故事：第一个故事：昔年越王勾践打败吴国，称霸天下，担心从此没有臣下敢于指出他的缺点错误，于是向诸位卿大夫发布命令："闻过而不以告我者，为上戮。"越王勾践可谓"处尊位而恐不闻其过"的典范，值得我们学习。第二个故事：昔年晋文公以诈谋大败楚国，退而有忧色。随从问他担忧什么，他说："诈胜之徒，未尝不危，吾是以忧也。"晋文公可谓"得志而恐骄"的典范。今天，一些人士取得一点成就，便沾沾自喜，大吹大擂，这同样很危险。第三个故事：昔年齐桓公得贤才管仲、隰朋，成为春秋五霸之首。齐桓公说，我得二位贤卿，使"吾目加明，吾耳加聪"，我不敢独擅，我要祭告先祖，让他们监督我听从贤卿的意见。齐桓公可谓"闻至道而恐不能行"的典范。

《韩诗外传》讲这些故事，反映了当时儒者对《诗经》"战战兢兢，如临深渊，如履薄冰"的诗句有了新的体味、新的领悟。我们今人，尤其是身处高位、掌握着一定权力的党员领导干部，也应从中反思自省，端正心态，严格要求自身。

"礼"所表现出的这种种精神，其实质当是"义"的精神。换句话说，礼是根据义制定出来的。"故礼也者，义之实也"（《礼记·礼运》），此之谓也。礼的一个重要特征就是规范人的行为，具体明确指出哪些行为是"不应当"做的，哪些行为是"不适当"

做的。如此，礼的这一本质就与义之"不当其所为"之旨完全重合、契合了。遵道就是义，循德就是义，行仁就是义，而违道、背德、不仁乃是不义者也。而道德仁义的最后完成当需要通过"礼"来落实和推行。"道德仁义，非礼不成"（《礼记·曲礼上》），此之谓也。倡修身，奉善行，重实践，合道理，既是道德仁义的本质，亦是礼的本质。"修身践言，谓之善行。行修言道，礼之质也"（《礼记·曲礼上》），此之谓也。

君子不应当做不诚信的事。居仁由义，遵礼守信当是君子所为，而无仁无义，违礼背信当是君子所不为。这些皆可称为君子的"义举"。

"信"与"诚"是儒家最基本的道德标准，一向被儒家视为做人做事的崇高而又神圣的原则。《论语》说："子以四教：文、行、忠、信"（《论语·述而》），孔子教育学生共有四项内容，第一是文献，第二是德行，第三是忠心，第四是诚信。孔子并将"忠信"之德视为君子之德。"子曰：'君子不重则不威，学则不固，主忠信。无友不如己者。过则勿惮改'"（《论语·学而》），君子不庄重就没有威严，而且不会有牢固的学习所得。君子当以忠信为主。不要与自己的志向不同的人交友。如果有了过失，就不要害怕改正。"主忠信"一语充分表现出孔子对"诚信"一德的高度重视，他要强调的是，作为道德的体现者的君子当应以"诚信"为本，对人对事最应当遵循的道义就是"诚信"。"是故君子诚之为贵"（《中庸》），此之谓也。正因为如此，《孟子》与《中庸》都将"诚"提高到天道的高度来加以认识。孟子说："诚者，天之道也；思诚者，人之道也。"（《孟子·离娄上》）《中庸》说："诚者，天之道也；诚之者，人之道也。"其实两者都是在强调诚实不欺是天地之本质属性，根本规律，而按照这一规律去做就是遵循做人做事的根本原则。在中国人看来，只有当一种原则被上升到天道的高度，其绝对性和神圣性才能被体现。"诚信"一德就具有了这种特性。换句话说，也只有站在天道的高度才能领悟到"诚信"的真正内容及其意义之所在。

正因为"诚信"取得了基本的地位，所以它也才成为具有保证和成全其他诸德落实和贯彻的前提性"角色"。"是故君子有大道，必忠信以得之"（《大学》），此之谓也。君子不管有多重视品德品行，但必须通过"诚信"才能获得这些"大道"。"子曰：'君子义以为质，礼以行之，孙以出之，信以成之。君子哉！'"（《论语·卫灵公》）君子行事以道义为本质，并依照礼仪来实行它，按照谦逊的方式来表达它，运用诚信的态度来完成它，这才是真君子啊！而从反面说，如果没有了诚信，君子必然丧失大道。诚如孟子所说："君子不亮，恶乎执？"（《孟子·告子下》）这里的"亮"通"谅"，是诚信的意思。君子如果不诚信的话，又怎么能保持道德节操呢？通俗地说，君子只有不做不诚信的事，才能保证不去做其他不应当的事情。

儒家学说认定，对于君子还应提出除不应当做无仁无义，违礼背信的事情以外的其他要求。而所有这些内容是可以纳入"不当其所为的君子之义"的范围之内来加以讨论的。而所有这些内容都是通过"不"这一否定式的语式得到具体体现的。

君子不能像器皿一样只局限某种用途而不博通广大。"子曰：'君子不器'"（《论语·为政》），此之谓也。子夏也认为"虽小道，必有可观者焉，致远恐泥，是以君子不为也"（《论语·子张》），虽然小技艺有其可观的地方，但恐怕会妨碍远大事业的实现，所以君子不从事小技艺；君子应当做团结的事，而不要做那些勾结的事。"君子周而不比"（《论语·为政》），此之谓也；君子对自己所说的话，不应当马虎对待。"君子于其言，无所苟而已矣"（《论语·子路》），此之谓也。

关于君子"不苟"的观念是儒家始终坚守的原则。由此，荀子还专门写了一篇《不苟》。所谓的"苟"就是"苟且"，是指做人做事只顾眼前，得过且过，马马虎虎，敷衍了事，一句话，统指不正当的事。所以说，"不苟"就是不按照苟且的方式去做人做事。所以荀子说，"君子行不贵苟难，说不贵苟察，名不贵苟传，唯其当之与贵"（《荀子·不苟》），君子做事不以苟且难能为可贵，辩说不以苟且明察为可贵，名声不以苟且流传为可贵，只有以符合正当之义为可贵。难能、明察、流传等行为其本身非但不是不好，而且是有正面意义和价值的，例如难能可贵，明察秋毫，流传百世，但是，问题在于你不要违背了道义，不要随意马虎地求得，不要无原则地求取。"君子不苟求，求必有义"的意义正是在这里得到反映。荀子得出结论，"朋党比周之誉，君子不听；残贼加累之谮，君子不用；隐忌雍蔽之人，君子不近；货财禽犊之请，君子不许"（《荀子·致士》），君子不听从结党营私之人的称誉；君子不采用残害加罪于别人的诬陷之词；君子不亲近妒忌堵塞贤能的人；君子不搭理用钱财礼物进行贿赂的人。一句话，君子做美好的事而不做污秽的事。"君子……为修而不为污也"（《荀子·不苟》），此之谓也。

第三章
君子的修身之道

第一节　君子之乐

　　子曰：学而时习之，不亦说乎？有朋自远方来，不亦乐乎？人不知而不愠，不亦君子乎？

——《论语·学而》

　　乐：一字多音，最早见于甲骨文，本义是一种弦乐器，引申为"愉悦、使……愉悦等"。

　　《乐记》曰：感于物而动，故形于声。声相应，故生变。变成方，谓之音。比音而乐之。及干戚羽旄谓之乐。作"喜欢"义，《周易·系辞上》：是故君子所居而安者，易之序也；所乐而玩者，爻之辞也。作"愿意"义，《战国策·楚策》：法令既明，士族安难乐死。❶ 作"愉悦"义，《诗经·小雅·棠棣》：兄弟既具，和乐且孺。作"喜好"义，《论

---

❶（汉）刘向撰，缪文远、缪伟译注：《战国策》，中华书局，2022，第76页。

语·雍也》：知者乐水，仁者乐山。

"饭疏食饮水，曲肱而枕之，乐在其中矣。"（《论语·述而》）

"一箪食，一瓢饮，在陋巷，人不堪其忧，回也不改其乐。"（《论语·雍也》）

"君子有三乐，而王天下不与存焉。父母俱存，兄弟无故，一乐也；仰不愧于天，俯不怍于人，二乐也；得天下英才而育之，三乐也。"（《孟子·尽心上》）

儒家文化一直坚持积极进取的人生态度，而人作为社会的主体，在改变社会的同时，也承受着巨大的压力，因此必须具有乐观、豁达、开朗的心态。相对于其他文化流派来说，快乐文化是儒家文化的积极取向；道家文化强调的人生之累，因此采取无为而治的心态，任由发展，随遇而安；佛教或者佛家文化以为人生皆苦，因此采取消极避世的措施，不问世事，远离人间。西方基督教文化更强调原罪，后世之人背负沉重的罪恶感去完成赎罪之旅，更是侈谈"人生之乐"，因此西方文化中有犬儒一派。儒家文化主张人生积极进取，一方面要有乐观的人生态度承受可能面临的生活之重，另一方面积极进取本身就是乐观开朗的，而不是像犬儒一样苟且地活着。在孔子看来，人生之乐很简单，而且人生之乐在于自我内心的满足，在于精神之乐而不是物质之乐。从孔子的孔颜之乐到孟子的君子之乐，是境界的提升。

孔子一生想"学而优则仕"，进而实现其"治国安邦平天下"之抱负，孔子的言谈之中带有强烈的使命感和责任感，充满了忧患意识，为了改变社会面貌，孔子带领弟子周游列国，希望能够让自己的学说和主张应用于实践，以致"惶惶如丧家之犬"，让后人觉得儒家学说放弃快乐，实际上这正是儒家学说中追求快乐的表现。从孔子关于快乐的论述中可以看出他的"快乐"有三个层次：

其一，乐学。学而优则仕，这是儒家弟子坚守的信念，这也说明儒家思想在政治地位和权力的获取的源头上就带有清正廉洁的美德，儒家弟子主张以学习立身进而入仕，而不是依靠门第、财富以及其他渠道。把学习作为进阶入世的手段，因此学习就带有一定的功利性，但是儒家并没有停留于此，而是把学习当作"修身齐家治国安邦"的基础，从这里看出儒家乐学的境界并不仅仅局限于追求仕途，还在于修养身心，这是儒家学习观的大大提升。孔子说："十室之邑，必有忠信如丘者焉，不如丘之好学也。"（《论语·公冶长篇》）又说，"吾十有五而志于学，三十而立，四十而不惑，五十而知天命，六十而耳顺，七十而从心所欲不逾矩。"（《论语·为政篇》）孔子以身示范，一生好学不怠，成为君子乐学以至圣的典范。在孔子看来学以立，然后仕。"不学礼，无以立；不学诗，无以言；不知命，无以为君子；不闻道，无以为仁人。"（《论语·季氏篇第十六》）学习是生存之道，是基本的安身之技能，体现了学习的必要性。学习不仅能提高生存技能，还能提高修养素质，优化人格，故善莫大焉。"君子食无求饱，居无求安，敏于事而慎于言，就有道而正焉，可谓好学也已。"（《论语·学而篇》）学习有这样的两大好处，因此要乐于学，自得其乐。

其二，乐友。人具有社会历史属性，群体的力量大于个人的力量。对此，荀子这样说过："力不若牛，走不若马，而牛马为用，何也？曰：人能群，彼不能群也。"（《荀子·王制篇》）人与人之间的交流和交往形成互相促进的局面，符合人的天性。西方哲人培根也曾说："除了一个真心的朋友之外，没有一样药剂是可以通心的。对于一个真心的朋友，你可以传达你的忧愁、欢悦、恐惧、希望、疑虑、谏诤，以及任何压在你心上的事情，有如一种教堂以外的忏悔一样。"

　　交友结群是人的本性，是情感生活的需要。交友能完善和成就人的人格、道德、品行、学问、事业以及生命品质。"棠棣之华，偏其反而。岂不尔思，室是远而。子曰：未之思也，夫何远之有？"（《论语·子罕篇》）也就是指出，朋友之交在于知心，而不是泛泛之交、酒肉之交。一旦朋友之间达到心灵之交，何远之有？乐于交友是本性，交益友是智慧。交友是快乐的，但是交到益友才是真正的快乐。"益者三乐，损者三乐。乐节礼乐、乐道人之善、乐多贤友，益矣。乐骄、乐轶游、乐宴乐，损矣。"（《论语·季氏篇》）交友要有选择，要能促进提高彼此，孔子指出："无友不如己者，过则勿惮改。""居是邦也，事其大夫之贤者，友其士之仁者。"（《论语·卫灵公》）益友的标准——"益者三友、损者三友，友直、友谅、友多闻，益矣；友便辟、友善柔、友便佞，损矣。"在孔子看来，求益友，首先在益身，"君子躬自厚而薄责于人""君子求诸己，小人求诸人""不患人之不己知，患其不能也"，君子提升自己，才能交到真正的君子益友。

　　其三，乐道。道是中国传统文化中一个重要的概念，建立在道之上的学说和思想博大精深，包罗万象。在孔子的语境下，道是事业、职业、理想以及追求。孔子认为君子应该"安贫乐道"，"君子谋道不谋食……忧道不忧贫"，他还进一步说："德之不修，学之不讲，闻义不能徙，不善不能改，是吾忧也。"在孔子看来，为了追求事业，实现理想抱负，要矢志不渝、持之以恒，而且要勤奋努力，安于贫困。至此，乐道就是坚守、奉献、努力的含义，已经进入了把追求事业和追求理想之路上的付出与艰苦看成一件苦中作乐的事业，甚至以苦为乐的至高境界，这也是对乐道的内涵的升华。

孔子通过自己的事业之路、乐道之路得出，通往幸福的大道并非一帆风顺，而是充满艰辛苦辣，所以要能够安贫，甘苦。"君子固穷，小人穷斯滥矣"。孔子还能以苦为乐，不移其志，"饭疏食饮水，曲肱而枕之，乐亦在其中矣。不义而富且贵，于我如浮云。"求道之路充满坎坷，要有吃苦耐劳的准备，大力提倡节约朴素的生活作风，做好长期奋战并且有可能失败的准备，这种乐道精神才是真正的事业心、进取心。"富与贵是人之所欲也，不以其道得之，不处也。贫与贱，是人之所恶也，不以其道得之，不去也。"乐道也是一种精神，乐道也是一种境界。"贤哉，回也，一箪食，一瓢饮，人不堪其忧，回也不改其乐。"在别人都承受不了的情况下，在别人都不看好的情况下，能够泰然处之，乐道精神实属可嘉。明知不可而为之，"老当益壮，宁移白首之心；穷且益坚，不坠青云之志。"这种乐道也有一种看透世态冷暖，仍不甘随波逐流自我沉沦的精神和斗志。

孔子的乐是孔子个人生平经历的写照，也是孔子人生态度的镜鉴。孔子的孔颜之乐带有强烈的使命感和责任感，以及政治抱负和人生理想，这种乐太厚重太积极，常人难以承受，君子唯恐不及。作为儒家亚圣的孟子，把君子之乐从政治高度、理想高度拉回到人生常态、现实之中，更带有人间烟火气息，实现了儒家君子之乐的德行人格，真善美的统一，人生幸福与生活追求的统一。孟子的君子三乐把"父母俱存，兄弟无故"作为一种幸福之乐，明确把家庭生活纳入人生追求之中，更具有现实真实性；把"仰不愧于天，俯不怍于人"的心性纯洁和德行善良作为生活之中的幸福和安心，体现了做人的踏实和内心的纯净；把"得天下英才而育之"作为一种事业之乐，既有奉献精神，也有事业理想。这种事业之乐是大公无私的，在实现个人之乐的同时帮助他人实现了人生之乐。

　　孟子的君子之乐是沿着孔子理想之乐向真实生活的回归，贯彻了德行至上，并使纯粹抽象的孔颜之乐、曾点之乐回到了具体生活中的家庭、人性、事业之中。如《孟子·万章上》里孟子谈到：舜受天下人爱戴，以帝之二女为妻子，富有天下，贵为天子，然不足以解忧，唯以孝顺父母可以解忧。孟子自己也宣称，"说大人则藐之，勿视其巍巍然。堂高数仞，榱题数尺，我得志弗为也。食前方丈，侍妾数百人，我得志弗为也。般乐饮酒，驱骋田猎，后车千乘，我得志弗为也。在彼者皆我所不为也，在我者皆古之制也，吾何畏彼哉？"重视德行、自然、生活之乐，使君子之乐更加真实和现实。

第二节　君子之礼

　　　夫礼，天之经也，地之义也，民之行也。

　　　　　　　　　　　　　　——《左传·昭公二十五年》

　　礼：会意。从示，从豊（lǐ）。"豊"是行礼之器，在字中也兼表字音。最早见于甲骨文，《说文解字》：礼，履也。所以事神致福也。本义是动词，作击鼓奏乐，奉献美玉美酒，敬拜祖先神灵。"豊"是"礼"的本字。作"举行仪礼、祭神求福"，《大戴礼记·本命》：冠、婚、朝、聘、丧、祭、宾主、乡饮酒、军旅，此之谓九礼。作"礼节"义，《史记》：礼节甚倨（傲慢）。作"礼遇、厚待"义，《资治通鉴》：敬贤礼士。《六国论》：礼天下之奇才。

中国文化与其他文化的区别在于：在中国文化的长期熏陶下，中华民族具有共同的民族心理素质和强大的凝聚力。中国古代的礼则起到培养共同的民族心理，凝聚民心的重大作用。如在对待基本人生态度上，礼提倡人要参与天地运动，注重现实，勤劳节俭，乐观有为；在情感表达方式上，主张含蓄而有节制；在思维模式上，强调朴素的整体观念，把人融化于自然图式中，并以天地人为万物之本，强调"报本反始"，而将人的个体作为环节依附于"亲亲尊尊"的链条中，强调忠孝；在伦理观念上，以家庭为中心，以修养为根本，以敬意为基础，以仁爱为动力；在价值观念上，尊奉传统，以先王之道、圣人之训作为价值的尺度，重义轻利，追求人格的完美，等等。

传统礼仪，虽有"经礼三千，曲礼三百"之说，颇为繁复，但其设制施行，不外"称情而立文，因以饰群"，"因人之情而为之节文"，源自人性，传自圣贤，乃是促进和谐、稳定社会的要素，因而古人有"重礼，所以为国本也"之说。尽管先秦有墨家抨击礼乐妨碍民生，法家重法而轻礼，但二者影响的时间很短，两千余年来，朝野都认为，若要国泰民安，礼应先于法，所谓"徒善不足以为政，徒法不足以自行"是也。

中国传统社会不同于异邦依恃宗教，也不同于西方现代社会依恃法律，而是用礼来调控。在礼的运行中，中国人形成了自己民族共有的独特心理素质。这些中华民族共同的心理素质，使中华民族几千年来未曾离心，中国的国土几千年来也未曾分裂，特别是每当外敌入侵时，中华民族都能同仇敌忾、奋起反抗，在抵御外侮，维护民族的独立和尊严，保卫祖国的统一与领土的完整上，起到了重大的作用。

中华民族是一个文明的民族，中国文化是一种讲礼的文化，而礼经在中国文化史的精神文明中，则为后人留下了一笔可资借鉴的宝贵财富。如：强调家庭和睦、养老、尊老、敬贤，注重相互关系："礼尚往来。往而不来，非礼也；来而不往，亦非礼也。"（《礼记·曲礼上》）

敬让："敬让之道，君子所以相接（交往）也。"（《礼记·聘义》）"长者问，不辞让而对，非礼也。"（《礼记·曲礼上》）"君子恭敬撙节（谦抑），退让以明礼。"（《礼记·曲礼上》）对人的谦让，就是表示对别人的尊敬。为人不仅要讲礼的形式，更重要的是要真诚，要以诚待人："君子之于礼也，有所竭情尽慎，致其敬而诚若（致其敬诚，是礼的内容），有美而文（美而文是礼的形式）而诚若（维持礼的形式也需要这种诚意）。"（《礼记·礼器》）

尊重别人："夫礼者，自卑（克制自己）而尊人。虽负贩者（泛指微贱之辈），必有尊也（也应对之表示尊敬）……"（《礼记·曲礼上》）礼的精神就在尊重别人，尊重别人就是最大的礼貌。"礼不妄说（悦）人（不虚伪谄媚，花言巧语讨好于人），不辞费（不说做不到的空话）；礼不逾节（为人做事不超过限度，超过限度则必'矫枉过正'），不侵侮（不侵犯、侮辱别人），不好狎（亲近而不庄重）。"（《礼记·曲礼上》）

要随时警惕和克制自己容易滋生的不良思想倾向："敖（傲）不可长，欲不可从（纵），志不可满，乐不可极。"骄傲的情绪不可滋长，欲望不可放纵，志向不可满足于一得，享乐不可过极。看人要一分为二："爱而知其恶（对自己所爱的人，要能分辨出他的缺点），憎而知其善（对自己嫌恶或反对自己的人，也要能看到他的长处）"（《礼记·曲礼上》）。要善于学习别人的优点："礼闻取于人（取人之善，即学习别人的优点），不闻取人（郑玄注：取人谓制服其身，即制人)"(《礼记·曲礼上》)。

"临财毋苟得，临难毋苟免。"(《礼记·曲礼上》)这是说不要贪得不义之财，应为正义牺牲时不要屈膝投降。这一个原则在孔子那里叫作"杀身成仁"，在孟子那里叫作"舍生取义"。和为贵的原则。"礼之以和为贵。"(《礼记·儒行》)礼经对社会政治以及人际关系都强调一个"和"字。如"夫敬以和，何事不行"(《礼记·乐记》)，"以致天下之和""内和而外顺"(《礼记·祭义》)，"发号出令而民说（悦）谓之和"(《礼记·经解》)。此外还有"政和""和正""和平""和宁""和气""和顺""和敬""和之至"等概念。总而言之，礼经所留下的有关精神文明的原则不胜枚举，有的迄今都还在发挥积极作用。

伴随时代推移，现代的社会结构、物质文明，较诸古代已有明显变化，部分传统礼仪显然已失去其时代意义；但近代为追求进步而涌现反传统之思潮，对若干可贵且可行的传统礼仪亦妄予摧残。所幸禹甸之内尚有幸存者，元气不致完全丧失，仍有恢复的契机。事在人为，端视国人觉醒与否，所谓"人能弘道，非道弘人"是也。再者，现代化、国际化不必以牺牲本土文化为代价，可贵且可行的本土文化，世界各大文明均极珍惜，并引为自豪之特色。我中华亦应如是，对可贵且可行的传统礼仪，宜透过现代诠释，赋予积极的内涵，增进民众的自信心与认同感，并受到国际的尊重。

孔子论礼，本于人性，而从历史沿革的角度立说，所以《论语·八佾》载言："人而不仁，如礼何？人而不仁，如乐何？"《为政》答子张问"十世可知也"时说："殷因与夏礼，所损益可知也。周因于殷礼，所损益可知也。其或继周者，虽百世可知也。"可见孔子认为礼出于人，因而历代有所损益。

荀子强调礼，主张礼是为了防止人际的争端而制定的规范，《荀子·礼论》开篇即说："礼起于何也？曰：人生而有欲，欲而不得，则不能无求，求而无度量分界，则不能不争，争则乱，乱则穷。先王恶其乱也，故制礼义以分之，以养人之欲，给人之求，使欲必不穷乎物，物必不屈于欲，两者相持而长，是礼之所起也。"

换句话说，礼的制定，能使人与人之间避免纷争，相处和谐，人与物之间也可取得平衡。据该篇之意，所调"物"，包括物质和名位，礼的制定，使人在追求物质与名位时，懂得"度量分界"，不致逾越界限而导致争乱。荀子有性恶之论，人既要懂得"度量分界"，便须透过后天的教育和学习，因此《劝学》有"始乎诵经，终乎读礼"之说，尤可见"礼学"在荀子思想中的重要性。清人凌廷堪并非性恶论者，但也强调礼出于人与后天学习的重要："夫人之所受于天者，性也。性之所固有者，善也。所以复其善者，学也，所以贯其学者。"❶ 据此，凌廷堪认为人性虽善，但受气质或环境影响则可能导致偏差，因此需要学习以"复其善"，而学习的项目以礼最为根本、最为关键，因为礼可以"贯其学"，以成就其善。

王国维从语源学的角度论礼，他依据卜辞"豐"字像二玉在器之形，再援《说文解字》"豐，行礼之器"之说，认为礼起源于祭祀，他说：盛玉以奉神人之器谓之□若豐，推之而奉神人之酒醴亦谓之醴，又推之而奉神人之事通谓之礼。祭祀乃人所为，则礼自然是出于人。

以上均谓礼出于人。依此说，则社会若有变化，礼仪的具体

---

❶ （清）凌廷堪著，王文锦点校：《校礼堂文集》，中华书局，1998，第176页。

做法自可再行调整，所以有"五帝不相袭礼，三王不相复乐，非故相反也，各因世宜也"之说。因此，每个时代都应该考虑礼仪当如何调整，当代也不例外。

另有一说称礼出于天。《礼记·乐记》云："礼也。是故圣人之道一，礼而已矣。乐也者，情之不可变者也。礼也者，理之不可易者也。"

"人生而静，天之性也。感于物而动，性之欲也。物至知知，然后好恶形焉。好恶无节于内，知诱于外，不能反躬，天理灭矣。夫物之感人无穷，而人之好恶无节，则是物至而人化物也。人化物也者，灭天理而穷人欲者也。于是有悖逆诈伪之心，有淫泆作乱之事。是故强者胁弱，众者暴寡，知者诈愚，勇者苦怯，疾病不养，老幼孤独不得其所，此大乱之道也。是故先王之制礼乐，人为之节，……礼节民心，乐和民声，政以行之，刑以防之，礼乐刑政，四达而不悖，则王道备矣。"

据此说，礼虽是先王所制，但符合天理，若言行不合乎礼，于天理自然有所违背，因此可以说礼出于天。不过，《礼记·乐记》中的"天理""人欲"云云，虽受某些宋儒的青睐，唯宋代理学家的"行上的""本然的"等思维，恐非《礼记·乐记》的"理"字本意之所有。程颐认为礼来自形上的、本然的天理，他说：视听言动，非理不为，即是礼。礼即是理也。不是天理，便是私欲。人虽有意于为善，亦是非礼。无人欲即皆天理。

很显然，程颐套用了《礼记·乐记》的语言，又引据《礼记·仲尼燕居》"礼也者，理也"之说，并特别强调天理、人欲之对立，甚至以为有意为善亦不合乎礼，因礼者本为天理之流行，并非出自人为，故视听言动皆合乎天理，始合于礼，以其合于礼，自然与天理相合。张载对礼的缘起，看法与程颐相近，而特别强调礼出于天、不出于人：礼亦有不须变者，如天叙天秩，如何可变？礼不必皆出于人，至如无人，天地之礼自然而有，何假于人？天之生物便有尊卑大小之象，人顺之而已，此所以为礼也。学者有专以礼出于人，而不知礼本天之自然，告子专以义为外，而不知所以行义由内也，皆非也，当合内外之道。

至于礼的功能，张载说"礼所以持性"。盖本出于性，持性，反本也。凡未成性，须礼以持之，能守礼，亦不叛道矣。亦即礼能够"持性"，使言行不偏颇而回归本性，其说与上引凌廷堪"复其善"语相类。

以上均强调礼出于天，依此说，礼出自天理，人行礼，即是去人欲而合乎天理。此说将礼提高到天理的层次，深化了礼的内涵，但理论上有一个困难：若礼出于天，合乎天理，天理既然不变，礼亦不应有变，何以古今礼仪不无差异而孔子有损益之说、朱熹有古礼难行之叹？

古今学者，有的认为礼出于人（如凌廷堪），有的认为礼出于天（如程颐），有的从群众互动、社会和谐的角度立论（如荀子），有的从个人涵养的角度发挥（如张载）。尽管其思想旨趣有所不同，但都力言礼的重要，而且对礼的内涵与功能，彼此并无歧见。从个人而言，礼是涵养修为的表现，所以《左传·成公十三年》，孟献子因晋臣郤锜"将事不敬"，以"礼，身之干也"的原则推测郤锜"不亡何为"，其后郤锜果然被杀。所以《论语·尧曰》载孔子言"不知礼，无以立"。就社会、国家而言，《左传·僖公十一年》内史过因晋武公"受玉惰"，以"礼，国之干也"，推论"晋侯其无后乎"。《左传·昭公五年》女叔齐以"礼，所以守其国，行其政，令无失其民者也"，批评鲁昭公熟稔仪节而不能掌握礼的内涵。可见行事合礼与否，确实可以成为衡量个人乃至社会、国家成败的准则，乃中华文化体质中必须予以重视的一环。

不过，礼贵实行，若有理论、有内涵、有成败的事例，却不实行，则流于空谈，于事无补。即使倾一国之力，高揭若干口号，也只是装点门面、徒费精神。关键在于传统礼仪是否仍有遗存，若传统礼仪已荡然无存，欲求恢复，确实不甚容易；反之，即使不绝如缕，只要予以阐述，加以提倡，仍然弘扬有望。所幸禹甸之中，传统礼书完整保留，传统礼仪现存者尚多，仅时人往往不甚措意，或以提倡传统礼仪为迂腐而已。

第三节　君子之立

> 太上有立德，其次有立功，其次有立言，虽久不废，此之谓不朽。
>
> ——《左传·襄公二十四年》

立字从最初的甲骨文到金文一直到篆体，字形都是一个大大的"人"字或者"大"字在一根线上，或者在"一"上，而"大"或者"人"以及"一"在中国传统文化中，都具有很深刻的哲学道理。因此"立"的正确会意应该是：大，为道，一，为德，为基。以图像析义，"大"居"一"上，是指道以德为基，以德为立。老子曾经在他的五千言中说："吾未知其名，字之曰道，吾强为之名曰大。"告诉人们，大，是道的名。从慧识哲学文化时期创造的甲骨文与金文的立之文形中，可以解读出，其本义正如老子所言，大道屹立于地，大道的真理深入人间，人类将信念改变为崇信大道，就是立。从"立"的字体字形上看，"立"的上面部分是"玄之有去"的"玄"，是指道德的能量灌输到大地上，这个"法则"只有"人"能够明白。"立"完美而形象地揭示了"天、地、人"与"道、德、人"之间的统一和生成关系。

"立"的含义丰富，有"成"义，见《礼记·冠义》："而后礼义立"；有"存立"义，见《论语》"己欲立而立人"。"树立"之义，见《易传·说卦传》："立天之道，曰阴曰阳，立地之道，曰柔曰刚，立人之道，曰仁曰义。"立也有"建、置"的意思，《左传·桓公二年》："师服曰：……天子建国，诸侯立家……"

三不朽的核心是德，立德，就是做人。"三不朽"体现的是君子之风，君子不能满足于个人及家庭的幸福，对平民百姓亦负有不可推卸之责任。这种责任，孔子以一个字来表达，就是仁。"仁"字右边的"二"，并非我们今日理解的数字"二"，而是"上"的意思。所谓"仁"，是在上位的君子有责任建立公平、正义、互相亲近的社会，使人人安居乐业，和睦幸福。立德，就是有高尚的道德，可以教化一方；立功，就是做出有利于国家和民众的业绩，改造社会，改善社会；立言，就是有真知灼见，笔之文章，播于当今，载之史册，扬于后世是也。

孟子曰："是恶足为大丈夫哉，君子立天下之正位，行天下之正道，得志则与民由之，不得志则独行其道，富贵不能淫，贫贱不能移，威武不能屈，是之谓大丈夫。"❶ 一个人活在这个世界上，人过留名，雁过留声，有很多事情就像流水波浪一样，慢慢逝去。人生的价值在于为这个社会留下一些有意义的痕迹，归结起来，高层次，有价值的，就是"立德、立功、立言"。正如马克思所

---

❶ 杨伯峻译注：《孟子译注》，中华书局，2018，第 203 页。

说:"如果我们选择了最能为人类福利而劳动的职业,我们就不会为它的重负所压倒,因为这事为全人类所作的牺牲。那时我们感到的将不是一点点自私而可怜的欢乐,我们的幸福将属于千万人,我们的事业并不显赫一时,但将永远存在;而面对我们的骨灰,高尚的人们将洒下热泪。"❶

三不朽之中,立德有如树干,立功有如花果,立言有如种子。树干粗壮,自然花果繁茂,良种孕育。立言是文化的创立与传承,有了良好的文化熏陶,才有温柔敦厚之美,才能培养出一代一代有德有才的人物。立德之本在修身,修身有如树根,根扎得越深,树干越粗壮。老子言:"深根固柢,长生久视之道。"老子亦讲修身,老子言:"修之于身,其德乃真。修之于家,其德乃余。修之于乡,其德乃长。修之于邦,其德乃丰,修之于天下,其德乃普。"孔子说,君子有仁、智、勇三达德,"仁者不忧,知者不惑,勇者无惧"。❷

《左传·襄公二十四年》谓:"豹闻之,'太上有立德,其次有立功,其次有立言',虽久不废,此之谓不朽。"唐人孔颖达在《春秋左传正义》中对德、功、言三者分别作了界定:"立德谓创制垂法,博施济众";"立功谓拯厄除难,功济于时";"立言谓言得其要,理足可传"。"三不朽"中,"立德"有赖于见仁见智、众口难调的外界评价,"立功"需要跻身垄断性和风险性极强的官场,这些往往非一介书生的能力所及;于是,文人每以"立言"为第一要务,以求不朽,这诚如曹丕《典论·论文》讲:"盖文章经国之大业,不朽之盛事。年寿有时而尽,荣乐止乎其身,二者必至之常期,未若文章之无穷。是以古之作者,寄身于翰墨,见

---

❶ 中央编译局编译:《马克思恩格斯文集》,人民出版社,2009,第486页。
❷ 王国轩、王秀梅译注:《孔子家语》,中华书局,2022,第133页。

意于篇籍，不假良史之辞，不托飞驰之势，而声名自传于后。"❶
古人常说：天子重英豪，文章教尔曹。

胡适曾将"三不朽"称为"三 W 主义"，"三 W"即指英文
"Worth""Work""Words"，这三个词的含义与"立德、立功、
立言"相近。在《不朽——我的宗教》一文中，胡适指出了"三
不朽论"只限于极少数人、没有消极的制裁和功、德、言的范围
太模糊等三层缺点，并提出"社会的不朽"："我这个现在的'小
我'对于那永远不朽的'大我'的无穷过去，须负重大的责任，
对于那永远不朽的'大我'的无穷未来，也须负重大的责任。"
"'小我'虽然会死，但是每一个'小我'的一切作为，一切功德
罪恶，一切言语行事，无论大小，无论是非，无论善恶——都永
远留存在那个'大我'之中。"胡适的"社会的不朽"论旨在把每
个人的个体行为与人类的历史发展关联在一起，给有限的个体生
命赋予永恒的意义，人的一言一行、所作所为，无论是非功过、
积德造孽，都要留在历史的长河中。

在转瞬即逝的历史之流中，人总想抓住些永恒的东西。美国
现代哲学家詹姆士在《人之不朽》一文中曾这样讲："不朽是人的
伟大的精神需要之一。"当然，詹姆士这里所说的"不朽"，是指
宗教性的不朽。而中国历史上的所谓"三不朽"，则是仁人志士孜
孜以求的一种凡世的永恒价值。

在后人对"三不朽"的解读中，"立德"系指道德操守而言，
"立功"乃指事功业绩，而"立言"指的是把真知灼见形诸语言文
字，著书立说，传于后世。当然，无论"立德"、"立功"或者
"立言"，其实都旨在追求某种"身后之名""不朽之名"。而对身

---

❶ （曹魏）曹丕著，刘策编译：《典论》，古籍出版社，2019，第 12 页。

后不朽之名的追求，正是古圣先贤超越个体生命而追求永生不朽、超越物质欲求而追求精神满足的独特形式。孔子说："君子疾没世而名不称焉。"（《论语·卫灵公》）屈原的《离骚》讲："老冉冉其将至兮，恐修名之不立。"司马迁在《报任安书》中云："立名者，行之极也。"诚然，晋代文人张翰曾说过"使我有身后名，不如即时一杯酒"，唐代诗人李白亦讲过"且乐生前一杯酒，何须身后千载名"，但事实上，二人虽则酒没少喝，但诗文佳作也没少写。

可以说，对死后不朽之名的追求，可以激励个体生命释放出无比巨大的能量，拼搏奋进，建功立业；而置个人身后名誉于不顾的人，则难免流于酒囊饭袋、行尸走肉，甚或沦为恶棍暴徒、独夫民贼。历史上，功勋卓著的拿破仑生前总担心自己在十世纪后的世界史上连半页纸都占不到，结果名垂千古；而生前放言"我死后哪怕它洪水滔天"的法王路易十五，自然遗臭万年。同时，对不朽之名的追求是要付出非凡代价的，被历史大书特书的伟人都是经过艰苦卓绝的努力、作出巨大的个人牺牲并放弃凡俗的某些物欲与私利，而后才功成名就的。例如，被后世称为"至圣先师"的孔子"知其不可而为之"，周游列国，讲学传道，结果畏于匡、困于蔡、厄于陈，"惶惶若丧家之犬"。再如，司马迁因说真话而遭到宫刑，仍能忍辱负重，发愤著书，遂留下"史家之绝唱，无韵之离骚"的《史记》。当然，历史上也有些人借名求利，名利双收。但浪得的虚名不会长久，最终难逃历史的法眼。

曾几何时，社会上充斥着各色追名逐利的短期行为，熙来攘往奔竞于名利场上的人们根本无暇顾及不朽之名的诉求。不用说"立德"方面的假仁假义、外廉内贪的道德作秀，"立功"方面的

"形象工程""政绩工程"，在被先贤古哲视为生命的"立言"方面，时下的不少著书撰文者所追求的也不再是不朽，而是速成，而速成者自然就难免速朽。如果从胡适所谓"社会的不朽"的角度看，真不知道急功近利的他们能拿什么著作上对得起列祖列宗，下对得起子孙后代。"我死后哪怕它洪水滔天"这句历史上个别统治者的口头禅，如果不幸成了一代人的集体无意识或社会的潜规则，那真是莫大的讽刺和悲哀。

第四节　君子之美

子张问于孔子曰："何如斯可以从政矣？"子曰："尊五美，屏四恶，斯可以从政矣。"子张曰："何谓五美？"子曰："君子惠而不费，劳而不怨，欲而不贪，泰而不骄，威而不猛。"……子张曰："何谓四恶？"子曰："不教而杀谓之虐；不戒视成谓之暴；慢令致期谓之贼；犹之与人也，出纳之吝谓之有司。"❶

美：会意字，从羊，从大。《说文解字》：甘也。从羊，从大。羊在六畜主给膳也。美与善同意。《说文解字》注曰：甘：美也。甘者，五味之一。而五味之美皆曰甘。引申之凡好皆谓之美。从羊大。羊大则肥美。无鄙切。十五部。因此原义指"漂亮、好看"，《诗经·邶风·静女》：彤管有炜，说怿女美。《论语·雍也》：不有祝鮀之佞，而有宋朝之美。还指"令人满意"，《易·坤卦》：畅于四支，发于事业，美之至也。美本身也有"对事物肯定

---

❶ （春秋）孔子著，（南宋）朱熹集注：《论语集注》，金城出版社，2023，第180页。

和赞美"的意思，《庄子·齐物论》：毛嫱、丽姬，人之所美也。

孔子最早提出人的天赋相近，个性差异主要是因为后天教育与社会环境影响（"性相近也，习相远也"）的观点，因而人人都可能受教育，人人都应该受教育。他提出"有教无类"的教育思想，创办私学，广招学生，打破了贵族对学校教育的垄断，把受教育的范围扩大到平民，顺应了当时社会发展的趋势。

孔子门人及其后学均推尊孔子。门人中以子贡为代表，他对孔子赞美备至，奉如天人，把孔子比拟为高天、日月、木铎，凡人是永远不可企及的，认为孔子是天生的圣人。亚圣孟子认为孔子所行的"圣人之道"是涉及自然界和社会的至高准则。然而当时民间一般看法认为孔子是博学成名的大学者。

孔子在教学方法上提倡"有教无类""经邦济世"的教育观，"因材施教""启发式"的方法论，注重童蒙、启蒙教育。他教育学生要有踏踏实实的学习态度，要谦虚好学、时常复习学过的知识，以便"温故而知新"，新知识要引申拓宽，要深入，"举一而反三"。

"惠而不费"，尽量地给别人最大的恩惠和帮助，但是不能让自己付出太多。借别人能得利的事情而使他们得利，自己其实不需要什么耗费的，只要用心去引导帮助他们，使他们自己获得谋利的本事，就是最大的恩惠了，也就是授人以渔。为什么这么说呢？《道德经》中言："治人事天，莫若啬。"意思是治理国家应该做到节俭节制，方能开源节流，避免铺张浪费。

给百姓恩惠，这是通情理的体现，有所节制，这是一种品行，二者完美结合，为的是把握一个合适的分寸尺度。那么怎么做到"惠而不费"呢？孔子说，只要你在他们能够得到利益的时机和地方去加以引导，让老百姓做对他们自己有利的事情，这不就不用掏国家的腰包了吗?

　　劳而不怨,这里本来是讲让别人心甘情愿地劳动而不埋怨。君子应该起模范带头作用,认真工作,做好自己应该做的事情。不是必须要默默无闻,而是说自己不计较得失,我作故我在。人是有情感的,如果温饱没有解决,你让他大兴土木搞建设他能没有怨言吗?所以,这里要讲究对时机的把握。时机,是劳作的时机,什么时候做什么事情,要清楚。迎合人的心理需求去安排工作,自然就皆大欢喜。

　　欲而不贪,求仁得仁。虽说无欲则刚,但不是说人人都可以清心寡欲。有欲不可怕,就怕贪!"欲"是把双刃剑,被它控制,会毁掉你;你控制它,会成就你。欲,既是魔鬼,也是天使。你总想要更多的"利",你就是被魔鬼控制了;你想要完善自己,帮助别人,天使就会永远陪伴你。

　　泰而不骄,君子无论人多人少,事大事小,从不敢怠慢,一视同仁。佛家讲众生皆平等,和这里讲的一样。既然我与你,(不管是什么样的你)都是平等的,那么我就不能戴着有色眼镜来看你。

　　威而不猛,君子衣冠整齐,目不斜视,庄重地让人望而生畏。威严不是靠凶猛来证明的,君子之威,是从内心自然而然散发出来的,正气凛然,不需要言语,心平气和,神情自若,怎能不让人敬畏。真正的君子不会攻击别人,他总是不断地拓展自己。

　　古人云:"欲求木之长者,必固其根本,欲流之远者,必浚其泉源。"一语道破了国家长治久安,企业经久不衰的关键原因。同时,也使我们明白一个道理:做人、做事亦然。但是如何做到呢?五美——"惠而不费""劳而不怨""欲而不贪""泰而不骄""威而不猛"可以使之然。

"五美"，以传统文化为基石，诠释了为人处世的态度和原则。

一美："惠而不费"。在自己力所能及的范围内，在自己努力能达到的情况下，要多做一些利于他人的事情，多做一些有利于集体发展的事。二美："劳而不怨"。要把劳动看作为社会创造财富，促进集体稳步前进，体现个人人生价值的有效载体。要幸福地劳动，快乐地劳动，充满信心地劳动。同时，要正视劳动过程中的"怨"——批评，只要清醒地认识到"劳"的价值，"怨"只不过是让我们尽快实现这一价值的助推剂。三美："欲而不贪"。作为社会的人，都拥有各种各样本能的欲望，比如吃的欲望、穿的欲望、追求幸福的欲望，等等。但是，要追求完美的人生，就不可贪求太多，以免误入骄奢淫逸的泥沼，而要像莲一样高洁、俊雅。四美："泰而不骄"。对人对事，待人接物要以至诚为基石，作到心胸豁达，不居功自傲，目中无人。五美："威而不猛"。在"惠而不费""劳而不怨""欲而不贪""泰而不骄"系列进德修业自励后，在群众中德高望重，深受大家爱戴与尊重，但是又不恃才傲物，使大家不会产生恐惧心理。

"五美"，作为中华民族传统文化精髓的有机组成部分，"天行健，君子当自强不息；地势坤，君子当厚德载物"。

君子是"道"的呈现者。有志于道者为君子，而在儒家看来，为君子所志向的道是须臾不可离开和或缺的存在，此道虽然无形而常处于幽暗之处，但是它又显得那么明显，所以作为一个真正的君子当要更加谨慎和敬畏那些不被别人看到的自己的言行举止，这就叫作"慎独"。说得通俗些，就是越是别人看不见，听不到的地方，作为一个君子则要更加严格要求自己，一切按照道德的规范去行事。

在儒家看来，君子之所以为君子而不比一般人的原因，正是体现在这一点上。《中庸》说："君子之所不可及者，其唯人之所不见乎！"那么，哪些行为构成了君子行道的表现呢？也就是说，君子是要通过他们所行之道来确证他们的品行崇高并为世人所法。《中庸》说："是故君子动而世为天下道，行而世为天下德，言而世为天下则。远之则有望，近之则不厌。"意思是说，君子的举动能世世代代成为天下的先导，办事言论能世世代代成为天下的标准。在远处使人仰望恭敬，在近处则不使人厌烦。

　　从根本处来看，君子之所以为君子的品行是要首先做到"孝悌"二德。所谓"孝"就是"善事父母"，即很好地侍奉父母双亲。所谓"悌"就是"善事兄长"，即敬重兄长。关于这一点《论语》说得非常明确，"君子务本，本立而道生。孝弟也者，其为仁之本与"，是说，君子专心致力于基础工作，基础树立了，"道"就会产生。善事父母和善事兄长，这就是仁的基础。与此相关，在中国传统社会，把衡量某人是不是君子的标准，或者说是否具有君子的品行，首先，落实到伦理纲常之上。《中庸》就直接把君臣、父子、夫妇、昆弟、朋友五重关系视为"天下之达道"和君子修身的标准。说："故君子不可以不修身……天下之达道五，所以行之者三。曰君臣也，父子也，夫妇也，昆弟也，朋友也，五者天下之达道也。知、仁、勇三者，天下之达德也。所以行之者一也"，意思是说，天下通行的大道有五项，实行这五项大道的方法有三条。君臣、父子、夫妇、兄弟、朋友交往，这五项是天下通行的大道。智、仁、勇这三条，是天下通行的大德。实行这大德的道理则是一样的。这里是将遵循君臣、父子、夫妇、兄弟、朋友的"五伦"以及实行"智仁勇"的"三达德"当成了君子的所行之道。

　　另外，儒家还在一些具体的言行举止上规定了君子所行之道的内容。曾子说，"君子所贵乎道者三：动容貌，斯远暴慢矣；正颜色，斯近信矣；出辞气，斯远鄙倍矣"（《论语·泰伯》），曾子是想告诉人们，君子所重视的道理有三个方面：让自己的容貌从容、恭敬，这样就会远离粗暴和放肆；让自己的脸色端庄起来，这就近于诚实守信并容易使人相信；说话时注意措辞和语气，这就可以避免粗野和悖理了。可见，在言行举止方面对君子都提出了有别于一般人的要求。作为君子要有从容而又恭敬、端庄而又诚实的脸色，要有一种措辞恰当、语气和缓的说话方式。君子言谈举止要有风度。

第五节　君子之怒

> 怒不作乱，而以从师，可谓君子矣。
>
> ——《左传》

诗曰："君子如怒，乱庶遄沮。"又曰："王赫斯怒，爰整其旅。"

怒：形声。从心，奴声。本义：发怒，明显地表形于外的生气。《说文解字》：怒，恚也。《国语·周语》：怨而不怒。作"谴责"义，《礼记·内则》：若不可教，而后怒之。作"激怒"义，《史记》：自勇其断，则勿以其敌怒之。

诗云："君子如怒，乱庶遄沮；君子如祉，乱庶遄已。"这是说有地位的人，赫然震怒，就可以收到拨乱反正之效。一般人还是以少发脾气，少惹麻烦为上。盛怒之下，体内血球不知道要伤损多少，血压不知道要升高几许，总之是不健康的。而且血气沸腾之际，理智不大清醒，言行容易逾分，于人于己都不相宜。希腊哲学家哀皮克蒂特斯说："计算一下你有多少天不曾生气。在从前，我每天生气；有时每隔一天生气一次；后来每隔三四天生气一次；如果你一连三十天没有生气，就应该向神献祭表示感谢。"❶减少生气的次数便是修养的结果。修养的方法，说起来好难。另一位同属于斯多亚派的哲学家罗马的马可·奥勒留这样说："当你因为一个人的无耻而愤怒的时候，要这样问你自己：'那个无耻的人能不在这世界存在么？'那是不能的。不可能的事不必要求。"❷

坏人不是不需要制裁，只是我们不必愤怒。如果非愤怒不可，也要控制那愤怒，使发而中节。佛家把"嗔"列为三毒之一，"嗔心甚于猛火"，克服嗔恚是修持的基本功夫之一。《燕丹子》中说："血勇之人，怒而面赤；脉勇之人，怒而面青；骨勇之人，怒而面白；神勇之人，怒而色不变。"我想那神勇是从苦行修炼中得来的。生而喜怒不形于色，那天赋实在太厚了。清朝初叶有一位李绂，著《穆堂类稿》，内有一篇"无怒轩记"，他说："吾年逾四十，无涵养性情之学，无变化气质之功，因怒得过，旋悔旋犯，惧终于忿泪而已，因以'无怒'名轩。"这是一篇好文章，而其戒慎恐惧之情溢于言表，不失读书人的本色。

秦王怫然怒，谓唐雎曰："公亦尝闻天子之怒乎？"唐雎对曰："臣未尝闻也。"秦王曰："天子之怒，伏尸百万，流血千里。"唐雎曰："大王尝闻布衣之怒乎？"秦王曰："布衣之怒，亦免冠徒跣，以头抢地耳。"唐雎曰："此庸夫之怒也，非士之怒也。夫专诸之刺王僚也，彗星袭月；聂政之刺韩傀也，白虹贯日；要离之

---

❶　吕纯山、刘昕蓉著：《古希腊罗马哲学家的智慧》，天津人民出版社，2019，第391页。

❷　同上书，第392页。

刺庆忌也，仓鹰击于殿上。此三子者，皆布衣之士也，怀怒未发，休祲降于天，与臣而将四矣。若士必怒，伏尸二人，流血五步，天下缟素，今日是也。"挺剑而起。（《战国策·魏策》）

细说此事，得先明君子之含义。君子之意，最先是指统治者，《国语·鲁语上》中说："君子务治，小人务力。"古代学者有解释说："天子、诸侯、及卿、大夫有地者皆为君。"泛用开后，又指主使、主导一方，如君臣，君为臣之纲，如夫君，夫为妻之纲，窈窕淑女，君子好逑，等等，是一种等级反映。

因要美化尊者，故君子与小人又成为有德与无德的区别称谓。最常用的君子含义，是指一定文化背景下的人格目标。如：君子坦荡荡，小人长戚戚；君子不言利；君子一言既出，驷马难追；君子不党；君子不夺人所爱；等等。讲胸怀、讲克己、讲大局、讲信用。在旧文化中是维护旧秩序的需要。到了今天，又有能遵从一定规则自觉修养的含义。

在中国传统文化，尤其是在儒家文化看来，作为一名学人君子，不但要确立一种追求社会人生真理的志向，践行一种"君子之道"以及"笃信好学，死守善道"（《论语·泰伯》），而且要依据和重视一种道德的准则和价值，这就叫"志于道，据于德"。所谓"据于德"就是要求学人君子在做人做事中，在自己的言、动、视、听以及行、住、坐、卧中，都要以"道德"为根据，一律依据于道德规范。君子之所以首先要做到"志于道，据于德"，因为这是关乎思想、精神、信仰的大问题。"道"是方向和境界，"德"是根据和准则。"道"是解决社会人生的精神追求问题，"德"是解决社会人生的行为准则问题。再者，如果没有"德"具体实行，那么就等于"道"没有得到落实。所以《中庸》才特别强调指出："故曰苟不至德，至道不凝焉"，就是说，如果没有"德"的具体推行，再高明，再美好的"道"也不能凝聚而获得成功。所以，作为一个"君子"，既要有志于道，又要力行于德。"笃志而体，君子也"（《荀子·修身》），此之谓也。

君子尊德。君子是一个文明社会的引领者，是一个道德生活的表率者，因此，尊德、慎德、怀德必然成为君子的德行。儒家是将尊崇德性放在一个很高的地位上，《中庸》说："故君子尊德性而道问学"，尊崇德性是君子的首要任务，而重视询问学习是君子的次要任务。用现在的话说，德育是第一，智育是第二。君子应始终将"德"作为根本的东西来看待，当然对于这一根本性的存在那是一定要谨慎对待！《大学》告诉我们："是故君子先慎乎德。"意思是说，君子首先要慎重修养德性。君子之所以被称为君子，那是有着德行的规定和要求的。君子一定要关怀着、记挂着道德品行的事情以及典章制度等大事公事，而不是整天记挂那些与道德品行没有关系的田地乡土和小恩小惠的事情，所以孔子才明确给出君子与小人的判别标准。他说："君子怀德，小人怀土；君子怀刑，小人怀惠。"（《论语·里仁》）

君子以德美身。"志于道""据于德"的"君子之学"，无论是就其"尊德性"而言，还是就其"道问学"而言，绝对不是一时的事情，而是长期不变的价值取向。荀子那句名言，即"君子曰：'学不可以已'"（《荀子·劝学》），也正是要表达此意的。"已"者，停止也，"不可以已"，不可以停止是也。所以，荀子说："君子博学而日参省乎己，则知明而行无过矣"，"故君子结于一也"（《荀子·劝学》）。广博地学习并经常不断地反省自身，始终如一地聚集于此，这是对君子的要求。

"君子之学"所确立的始终不变的价值取向，其最终目的乃是在于"修身""美身"。孟子说："君子之守，修其身而天下平"

（《孟子·尽心下》），荀子说："君子之学也，以美其身"（《荀子·劝学》）。这一价值取向由孔子首先确立。孔子曾明确指出古人与今人"为学"的两种截然不同的目的，"子曰：'古之学者为己，今之学者为人'"（《论语·宪问》）。是说，古代做学问的人，读书学习是为了完善自己的道德，充实自己的内心，现今时代（指孔子生活的时代）做学问的人读书学习与自身道德修养是脱节的，为学只是为了获取财富地位从而让别人高看自己。荀子在《荀子·劝学》中在直接引用了孔子"古之学者为己，今之学者为人"的原句以后，将这两者不同的为学目的区分为"君子"与"小人"。他说"君子之学也，以美其身；小人之学也，以为禽犊"，意思是说，君子之学是为了美化自己的心灵，而小人之学恰似在市场上卖牛马动物一般，只是为了卖个好价钱。

君子"九思"以体德。那么，什么样的行为方式才可以被称作"君子之德"呢？孔子曰"君子有九思：视思明，听思聪，色思温，貌思恭，言思忠，事思敬，疑思问，忿思难，见得思义"（《论语·季氏》），君子经常想以下问题。第一，看到的东西，想想是否看明白了；第二，听到的东西，想想是否听清楚了；第三，在对待他人时，自己的仪容脸色，想想是否温和；第四，在对待他人时，自己的容貌态度，想想是否恭敬；第五，讲的话，想想是否忠诚老实；第六，对待工作，想想是否做到认真负责；第七，遇到疑问，想想是否能做到虚心向人请教；第八，将要发怒，想想是否会导致什么后患；第九，在金钱名誉地位面前，想想是否应该得。要之，看得明白，听得清晰，脸色温和，容貌恭敬，说话诚信，做事敬业，有疑必问，怒而忧患，见利思义，此乃君子之德也！

第四章

君子的道德智慧

第一节 君子之品

君子乾乾，君子谦谦，君子夬夬。

——《易经》

品：会意字，从三口；口代表人，三个口代表多数，意众多的人，品的本义是"众多"。《说文解字》：品，众庶也。也指"齐、相同"，《广雅》：品，齐也。亦作"事物的种类"，《虞书》：五品不逊。作"格调"，《沧浪诗话》：诗之品有九。作"衡量、评价"，《世说新语·文学》：于病中犹作《汉晋春秋》，品评卓逸；《资治通鉴》：品其名位，犹不失下曹从事。❶

君子者，正心、正道、正见、正行也。君子当涵养正气，砥砺勇气，常怀和气。言有规，行有范；

---

❶ （宋）司马光撰，沈志华、张宏儒主编：《资治通鉴》，中华书局，2019，第293页。

厚于德，诚于信。君子必博学睿智，勤于学，善于思；富于知，敏于行；腹有诗书，积淀智慧，志趣高雅。此民族美德，生生不息，代代相传。孔子曰："君子务本。本立而道生。孝弟也者，其为仁之本与？"所以君子要专心致力于根本上的事。根本上的事做好了，事物的基本道理也就形成了。孝敬父母，敬爱兄长，这两件事大概就是实行仁爱的根本吧。

人的修养的提高不是一朝一夕之功。中庸之道认为，人的修养贵在坚持，贵在严以律己，时时处处都要符合中正、中和之道。为人居于中正之道，不偏不倚，以自然的纯正人性提高自身修养与对待万事万物。"君子坦荡荡，小人长戚戚"（《论语·述而》）是自古以来人们所熟知的一句名言。许多人常常将此写成条幅，悬于室中，以此激励自己。孔子认为，君子心胸开阔，神定气安。小人斤斤计较，患得患失。

一个有志向的君子，他知道自己的志向在高处、远处，即便处在比别人优渥的环境中，也会谦卑自牧，清静自守，绝不会盛气凌人。能容人，是大器。海纳百川，有容乃大。

诚信，是人的立身之本，处世之道，待人之德。诚信是一扇窗，擦亮了它就会让人看到真、善、美的心灵。诚信花开，君子立行！中华民族是崇尚诚信的民族，在求生存求发展的历史过程中，视诚信为做人、立业和处世之本。"口不语人过，重然诺，时以为君子"。

孟子说："君子莫大乎与人为善。"善良并不是损害自己，不是所谓"马善被人骑，人善被人欺"；善良也不是无限信任别人，不是所谓"你在我背后开了一枪，我依然相信是枪走了火"。善良就是与人为善，心有善念，便会给别人和自己带来愉悦，所以古人说："善为至宝，一生用之不尽；心作良田，百世耗之有余。"

自省是指检省自己，从思想意识、言论行动等各方面审视自己是否遵从道义原则。孔子说："君子求诸己，小人求诸人"（《论语·卫灵公》），遇到问题是否找自己的原因是区分君子与小人的重要标志。孟子说："爱人不亲，反其仁；治人不治，反其智；礼人不答，反其敬。行有不得者皆反求诸己，其身正而天下归之。"（《孟子·离娄上》）如果关爱别人，可是别人却不肯亲近，那首先反问自己，自己的仁爱之心够不够？如果劝谏别人，可是没有成功，那就要反问自己，自己的智慧够不够？如果有礼貌地对待别人，可是得不到相应的回应，就要反问自己，自己的真诚够不够？当行动未得到预期效果时，不要埋怨别人，首先应当反躬自问，从自己身上找原因。曾子说："吾日三省吾身，为人谋而不忠乎？与朋友交而不信乎？传不习乎？"（《曾子·子思子》）自省是理性的智慧，是自己真正主宰自己。君子要通过时时内省不疚，逐步完善修养以成就高尚德操，"苟日新，日日新，又日新"，开明德性，以达至善。

克己是指培养节制自己的能力。孔子说"克己复礼为仁"，意思是说人们只有克制自己的欲望和不正确的言行，自觉遵守道德规范，才能达到仁的境界。做到"非礼勿视、非礼勿听、非礼勿言、非礼勿动"，使自己的视、听、言、行，一举一动都符合礼的规定，认为只要每个人都能以礼约束自己，就可以使人人成为君子，社会仁道得以弘扬。所以孔子说："一日克己复礼，天下归仁焉。"（《论语·颜渊》）孟子提出，"吾善养吾浩然之气"，曾子说"士不可以不弘毅"，都是指君子任重而道远，要有坚定的信念和浩然正气，始终坚守道义，不随物流，不为境转，顺逆一如。

慎独是指在个人独处时也要严格要求自己，是对个人内心深处比较隐蔽的思想意识进行自律的一种修养方式，防止错误思想及私欲，邪念不生，时时保持正念，对自觉性要求更高。《中庸》说"君子慎其独也"，意思是说，对于"幽暗之中，细微之事，迹虽未形而几则动，人虽不知而己独知，遏人欲于将萌，而不使其滋长于隐微之中，谨言慎行，追求道德规范"。慎独，表明的是一种人生态度，表里如一；彰显的是一种人生境界，襟怀坦白。我国历史上曾涌现出许多秉持这一操守的君子：如东汉的杨震说"天知、地知、你知、我知"；三国时的刘备主张"勿以恶小而为之，勿以善小而不为"；宋代的袁采认为"处世当无愧于心"；元代的许衡不食无主之梨，只因"梨虽无主，我心有主"；清代的叶存仁说"不畏人知畏己知"，凡此种种，无一不是慎独自律、追求道德完善的体现。

在处理人际关系时，孔子倡导"忠恕"的道德原则，说"躬自厚，而薄责于人""己所不欲，勿施于人"；朱熹说"尽己之谓忠，推己之谓恕"。这里指凡事要推己及人，将心比心，设身处地地为他人着想。即君子对自己要严格要求，而对于他人，则要宽以待人。君子与人交往要讲诚信，言行一致，"言必信，行必果"（《论语·子路》），以"言过其实"及"躬之不逮"为耻，说话要谨慎，不说好听话、空话，而在行动上则要勤奋敏捷。君子还应做到见贤思齐与见利思义。"见贤思齐焉，见不贤而内自省也。""见利思义，见危授命，久要不忘平生之言"是要求君子为人处世时，在利益面前，首先想到的是道义。孟子说，"君子莫大乎与人为善"，是指君子要善于学习别人的优点，擅于导人以善，同别人一道行善。

君子学习、修身的目的在于"行义以达其道"。汉德特说："历史上的巨人，品格高尚的君子，个人功绩穿越历史长河渗入到我们生活的人物——他们的故事就是我们的故事。"通过修己获得思想境界的提升，从而传播道义，德化民众，济世安民。孔子说"修己以敬""修己以安人""修己以安百姓"，是说修养自己就要使自己能够严肃、庄重、恭敬地去做事；修养自己就要善待他人；修养自己就要使天下所有的百姓都得到安宁和太平，这在《大学》中被概括为"修身、齐家、治国、平天下"。君子修正身心，净化心灵，与道相合，与德相应。只有道德高尚的人才能胸怀坦荡，与人为善，才能够承担起维护真理的社会责任和使命。

世上有君子与小人。君子的行为力量和人格魅力能对周围的人和事产生积极影响，因而他们往往会得到社会的一致认可和倡导。

《墨子·修身》中说："贫则见廉，富则见义。""藏于心者，无以竭爱。动于身者，无以竭恭。出于口者，无以竭驯。"我国古代关于君子的言论极多，对君子的标准也是众说纷纭。《易经》有"君子乐与人同，小人乐与人异。君子同其远，小人同其近"的说法，孔子有"君子坦荡荡，小人长戚戚""君子周而不比，小人比而不周""君子喻于义，小人喻于利"等说法，庄子有"君子之交淡如水，小人之交甘若醴"的说法，那么墨子关于君子的标准是什么呢？

墨子说："君子之道也，贫则见廉，富则见义，生则见爱，死则见哀。"（《墨子·修身》）他认为君子之道应该是：贫穷时显示出清廉，富贵时显示出恩义；对活着的人表示出仁爱，对死去的人表现出哀伤。

一个人可以贫穷，但志不能穷。对于真正的君子来说，不管贫穷与否，不管环境如何，都会坚守君子之道。墨子认为，君子在贫穷时要表现出应有的廉洁。人穷的时候可以思变，但这种变是合理合法合乎道义的变，不是为求富贵而丧失道德信仰的变。楚兰生于幽林，不以无人而不芳；君子修贤立德，不以穷困而变节。一个人在贫穷时能不能恪守廉洁，能不能坚守道德底线，在很大程度上反映了这个人最根本的品质。

对富贵的人来说，一毛不拔固然不可，但一掷千金也并不都是掷地有声。每个公民都享有合法的财产权，守财奴、铁公鸡虽然在法律法规上无可厚非，但在情理上令人不齿。财富都是生不带来，死不带去的身外之物，在富足时就应该博施济众，回馈社会。当然，这种"还"也要还对地方。在买车买房上一掷千金，人家会说你招摇过市、穷尽奢靡；在赌场里一掷千金，人家会说你败家子。只有将一掷千金用于回馈社会，用在民众身上，如扶贫、教育、卫生、环保等公共领域，那才是君子应有的真正的恩义之举。

墨子认为，君子对活着的人要表现出仁爱，而他所认为的君子的第四条标准，即君子应对死去的人表示哀痛，也是一种仁爱。仁爱为道德思想的核心，仁的精华在于爱人。爱人，是伟大人格的基本品质，爱人是以人为本的思想基点。有一种爱是人间之爱，有一种情是手足之情，有一种力量是意志的力量，有一种精神是伟大的民族精神，正因为此，社会才如此和谐安宁，人们的生活才如此幸福愉悦。

墨子的君子标准用现代的语言概括，可以列举出很多优秀品质，如：光明磊落、胸怀坦荡、人穷志不穷、得势不凌人、得意不忘形、得鱼不忘筌、得理也让人、位高也谦逊、尊老爱幼、义字当先、助人为乐、乐善好施、与人为善、知恩图报、同情弱者、是非分明等，这些品质一直以来都是为人们所肯定和赞扬的，也是每个人都应该努力做到的。

（一）君子人格——个人层面

先秦儒家将个体依靠自己的有为进取精神视为成就君子人格

的唯一途径，个体自强不息的有为精神是君子必备的最基本品格。孔子提出"君子求诸己，小人求诸人"（《论语·卫灵公》）的论断，可说是第一次把是否依靠自己作为一个界标来区分君子与其他类型的人。然而，积极进取作为君子的品格，并不是偶尔的跃进，这种追求努力必须是一个不间断的过程，如果中途停止或到一定程度就放弃追求，那么固然可以有一定成就，进取的品格却难以保持了。因此孔子、孟子、荀子都突出强调个体的努力追求是一恒久不息的过程。具有自己的独立意志是君子的另一个自我特征。意志实现的程度表明个体自由的程度。君子人格的尊严也是由独立意志来表现，"笃志而体，君子也"（《荀子·修身》）。但君子的独立意志不是盲目地坚持一己之偏私，一味地狷狭固急，而是以理性选择为前提，个体意志是建立在君子的价值判断基础上的，只有通过具体内容如立身行事的法则才能表现出来。

　　孔子经常要求学生"各言尔志"，就是要他们表述各自人生理想和价值观念。儒家君子的意志就表现在"志于道"（《论语·述而》），志于仁义，儒家把以仁义为首的追求同时看作对君子意志的砥砺，因此注重精神志节。君子判断是非有一个标准，即"义以为上"，见利应该思义，义就是适宜正当的行为。气节是君子独立意志的充分发挥，是个体自由的真正实现，是堂堂正正的君子人格价值的顶峰，天见其明，地见其光。儒家君子注重精神修养，即"内省"与"反求诸己"。孔子提出"君子道者三"，即"仁者不忧，知者不惑，勇者不惧"（《论语·宪问》），主要在于自己的自我认同和反思，这就是通过"内省"来衡量。气是集义所生的，并且是凝聚意志于其中，因而使君子的内心境界充满正气，使君子人格得到美的高扬。先秦儒家认为，君子内心境界的充实美必然外溢出来，显现到君子的外貌形象上，展示君子凛然不可侵犯的人格尊严。

（二）君子品行——社会层面

儒家把孝视为君子的一种品格。"子生三年，然后免于父母之怀"（《论语·阳货》）的亲子亲爱情感是孝的基础，孝是子女对父母的爱的反馈。儒家正是通过敬把孝提高为人性意识和人道精神，使孝摆脱狭隘的血亲关系而成为自主性品格。孝即对父母的合理敬重，是君子在家庭中的品格，君子的更多交往是在家庭之外的社会领域进行。在泛社会交往关系中，儒家能从人性相同的原则出发，将别人看作和自己一样平等的人，因而具有理解和尊重他人的人道精神。孔子提出一条君子"可以终身行之"的基本社会交往准则——"己所不欲，勿施于人"（《论语·颜渊》），这是推己及人的行为方式。"夫仁者，己欲立而立人。己欲达而达人"（《论语·雍也》），这是从正面出发对他人的类推，表现出君子"厚德载物"的襟怀风度。

君子在平等宽厚待人的同时，又能在社会交往中坚持个体的独立自主性和正义性。这表现在君子的光明磊落，不依附他人，"君子周而不比"（《论语·为政》），"君子和而不同"（《论语·子路》），也不与某部分人结成小集团，而是保持个体交往自主性，"君子群而不党，人之过也，各于其党"（《论语·卫灵公》），君子在社会交往中能坚持自主，衡以正义，表现君子不受外在关系控制和束缚的意气风发的昂扬人格，是儒家理性精神觉醒与对价值观念的自我选择确认的统一。在君子的人际交往中，还有一层"朋友"关系。这是建立在彼此志同道合基础上的平等互助的关系。朋友关系不是固定的，而是可疏可密、可以相互自由选择的。君子之交不是以某种利益为关节点，而是以道德志向将彼此联系起来。君子在社会交往中的品格与君子的自我品格一样，凝聚和体现出时代精神，表现君子独立自主的人格和宽容博大的人道情怀，是主体的道德实践。

（三）君子品行——政治层面

自春秋以来，世卿世禄的贵族垄断政治的局面趋于解体分化，现实政权开始向广大的士阶层开放。与此发展态势相一致，儒家君子要求参政的气魄也愈来愈大，姿态愈来愈高昂，政治观点也愈来愈鲜明。为此儒家制订了一系列从政的准则和理想，要求参政的君子予以实施。参政（即在政权机构中担任一定职务）的君子首先要做到"身正"，其体现是"忠信"守职。孔子曾用一个双关语说明其政治特征，"政者，正也"（《论语·颜渊》）。身正由忠信来体现，忠即忠于职守，并不具有效忠君主个人的意义（但含有对国君负责的意思），而是具有突破氏族宗族框架的社会性的公共的行政意义。

孔子明确地把"举贤才"（《论语·子路》）列为君子的为政措施之一。任贤使能，不拘一格拔擢人才在当时无疑是具有进步意义的开明政治措施，在任贤政策中内在地凝聚着儒家哲学思想的精华。儒家君子的政治价值取向是以民为本。君子力求通过政治来完成"博施于民而能济众"的既仁且圣的伟大功业。孔孟都反对为君主私利而争城略地的不义战争，反对横征暴敛，反对残害百姓。这种仁政理想就是在今天仍然闪耀出光辉。

第二节　君子之愆

孔子曰："侍于君子有三愆：言未及之而言谓之躁，言及之而不言谓之隐，未见颜色而言谓之瞽。"

——《论语·季氏》

愆：《说文解字》：愆，过也，从心，衍声，注：过也。过者，度也。凡人有所失，则如或梗之有不可径过处。故谓之过。本义是"过错，罪过"，见《左传·哀公十六年》：失所为愆；《诗经·大雅·假乐》：不愆不忘。亦作"违反、违背"义，如见《周易·归妹》：愆期；《左传·昭公四年》：冬无愆阳。

"三愆"的学问是很实用的谈话修养。不仅适用于跟君子谈话，几乎所有的谈话都适用。

"言未及之而言谓之躁"。没轮到你讲话时，你抢着说，这就犯了"躁"的毛病，这种情况在谈话时最常见。

三国时期孙权手下有一名叫虞翻的骑都尉，心高气傲，说话不分场合。有一次，降将于禁被赦免后和孙权骑马并行，孙权本人并不介意，而虞翻却大骂并用马鞭抽打于禁。孙权心想："即使于禁无礼，我还没说话，你亦不该大呼小叫，你眼里还有我孙权吗？"后来，孙权在船上宴请众人，于禁听到音乐后，失声泪下，虞翻又插嘴："你不要假装伤心，好让我们放了你，痴心妄想！"孙权对此极为不满。孙权让于禁与他并行，并在宴会上露面，自有孙权的道理，虞翻插话显然不适宜。还有一次，孙权和张昭谈论神仙，兴趣正浓，虞翻又插了一句："谈什么神仙呀？他们都是死掉的人，世上哪里有神仙？"这等于批评孙权、张昭无知，至此，孙权积怒再难平，于是把虞翻流放交州。

春秋时，郑武公想侵略胡国，故意事先把女儿嫁给胡国的国君做妻子，取得他的欢心。一天他向群臣说："我想对外用兵，哪一个国可以攻打呢？"大夫关其思坦率地回答说："胡国可以攻打。"结果武公大发脾气说："胡国是我们的兄弟国家，你说可以攻打，为什么呢？"为此，把关其思杀了。关其思为什么被杀？是因为说了不应当说的话，犯了"躁"的错误。胡国听说郑武公杀了关其思，以为郑国和自己很亲密，便不加防备，结果，郑国突然出兵，把胡国消灭了，关其思之死也成为一个悲剧。真理无不以时间、条件、地点为转移，所以，发言不是光凭借所知决定说什么，而且要考虑说与不说，在什么情况下说什么。对于有识之士，躁就要泄露"天机"，泄露"天机"必然引来杀身之祸。

孔子一直强调"敏于行而慎于言"，遇事要机敏，雷厉风行。可讲话最忌"抢"，一定要思虑清楚，等时机恰当，再慢条斯理地说出来。急着发话，本就易失之慎重，即便话本身没什么毛病，若说话的时机不成熟，好话也多半成了坏话。时机未到，急于言语，是为第一愆。

"言及之而不言谓之隐"。须说话时，就该大大方方地讲清楚。此时藏着掖着，反倒不好。

齐威王的谋士邹忌相貌过人。一天，他分别问妻、妾和访客："我和美男徐公哪个更帅？"三人不约而同地说他更帅，可后来他一见徐公，当即自愧弗如。邹忌思来想去，妻爱他，妾怕她，客人有求于他，当然会向着他说话。他尚且如此，齐威王身为一国之君，位高权重，想听真话，自然也就更难。于是次日，邹忌便觐见齐威王，用这个故事婉言劝谏。齐威王心领神会，广开言路，齐国大治。邹忌的名声也传至今日而不衰。若邹忌不言，则又如何？一来，他将坐失良机，错过了眼前的赏赐与信任；二来，久久无人敢劝谏齐王，国势日下，对他这个权相又有何好处？员工该说话时不说，领导会怎么看？要么，别人说得透了，你无话可说，无能；要么，上下级彼此疏远，你或碍于情面，或藏着心眼，不肯跟我说真话，虚伪。于是乎，徐庶进曹营，一言不发，反而见疑。自作聪明，语带隐瞒，是第二愆。

所谓"言及之而不言谓之隐"，是说话到应当说的时候而不说，叫作隐。由于有话当说而不说，就会错过时机，铸成大错。在楚汉战争中，韩信曾写信给刘邦申请做假齐王，刘邦看到来信后拍案而起，陈平见状马上对刘邦说："今天我们的形势不利，没有能力禁止韩信自立为王，不如就立他为王，与他亲善，稳定他的心，使他守卫好赵、燕、齐三国，不然很可能产生更严重的变化。"刘邦听了，马上转怒为"喜"，并封韩信为齐王，结果避免了刘、韩的分裂，为刘邦统一天下解决了一次重大的危机。

"未见颜色而言谓之瞽"。孔子有训："夫达也者，质直而好义，察言而观色，虑以下人。"通达之人，必然具备揣摩他人言语，观察他人脸色的本事。不注意看情势说话的人，说好听些叫作昏聩，讲直白点，即睁眼瞎一个。

曹操的主簿官杨修，虽聪明伶俐，颇有文采，却不注意看情势说话，最终惹祸上身。曹操在视察丞相府扩建时，用笔在门上写了一个"活"字，当时谁也猜不透这个"活"字是什么意思，而杨修则叫人把门改小，并解释道："'门'中加了'活'字，是个'阔'字，魏王嫌门太宽阔了。"有一次，曹操吃了几口糕点，在糕点盒上写了一个"合"字，谁也猜不透这个"合"字的玄机，而杨修则打开糕点盒吃了一口点心，并且告诉大家："魏王要大伙吃糕点，一人一口。"原来"合"字是由"人""一""口"组成，"一合"不就是"一人一口"的意思吗？曹操得知后，非常不悦。建安二十四年，刘备进攻汉中，曹操虽打算弃守，但还在犹豫之中，尚未最后决定，于是向部属发出"鸡肋"的口令。这是什么意思？无人通晓。唯有杨修打装行李，准备回家。有人问他："何以知道是撤军?"答曰:"鸡肋这东西,食之无味,弃之可惜,魏王用它来比喻汉中,这明摆着要撤军。"于是,曹营将士纷纷收拾行装。曹操得知这一军情后大怒,以"惑乱军心"的罪名把杨修杀了。曹操本是疑心很重的人,而杨修能屡次猜中他的心机,并往往不假思索地说出来。杨修虽然很聪明,但不懂得收敛,不懂观色而"慎言"。

所谓"未见颜色而言谓之瞽",是说,没有察言观色了解接受信息一方的心态就自顾自说起来了,这叫没有眼力,没有见地。没有眼力,没有见地就是瞽,就是"看不见"。韩非在《说难》中指出:说服的难处,不在于知识不足,不在于对意思表达不清,而在于不了解对方的心理状态,更怕无意中说出对方所要保守的秘密。❶"触龙说赵太后"是历史上有名的游说成功的例子,为什么他能说服成功呢?是因为触龙了解赵太后的心态。关其思游说郑武公为什么不成功呢?是因为他无意中泄露了郑武公内心的秘密(天机)。这些喜剧、悲剧均与观察对方心态的眼力有关。眼明则了解对方的心态则游说成功,眼不明则瞽,必然游说失败。

历史上有名的变法家商鞅,来到秦国,由于景监的荐举见到了秦孝公,但第一次游说"论帝业",语未及终,孝公就睡着了,结果游说失败,没有得到秦孝公的重用;在景监的再次荐举下,他又见到秦孝公,第二次游说"论王道",结果秦孝公说:"古今事异,所言未适于用。"又没得到重用,为什么呢?因为他不了解秦孝公的心态。经过两次游说,他了解了秦孝公的心态,眼力由瞽变明,第三次见到秦孝公游说"伯业"("伯"通霸),正中秦孝公的下怀,得到重用,官封左庶长治理国政,为秦国的改革、

---

❶ 张觉等:《韩非子译注》,上海古籍出版社,2012,第48页。

创业、灭六国奠定了基础。

懂得察言观色的人，往往很少因说错话而吃亏。反之，若对谈话气氛置若罔闻，一味自说自话，轻则说不到点子上，重则说错了话，遭人怪罪，这就得不偿失了。不察人情，兀自乱语，是第三愆。说话要谨记"三愆"之道，既不能早讲，也不能晚讲，既不能多讲，也不能不讲。即要恰到好处，拿捏好分寸，也要把握好火候，做到既不躁又不隐也不瞽。古今言谈虽有别，但说错了话便会得罪人，这道理从来未变。牢记"三愆"，既利于我们在交际中避免失言，又能学会审时度势，在最恰当的时间点说话，让小言谈获大成效。

第三节　君子之求

> 君子之道四，丘未能一焉，所求乎子，以事父未能也；所求乎臣，以事君未能也；所求乎弟，以事兄未能也；所求乎朋友，先施之未能也。
>
> ——《中庸》

求：《说文解字》以"求"为"裘"之古文。做动词用，多指"请求、干请"，《史记·屈原列传》：因留怀王以求割地；《战国策·赵策》：求救于齐。也作"谋求、寻求"之义，《玉篇》：求，索也；《孟子·告子上》：求则得之，舍则失之。

《中庸》中的这段话意思如下：君子的道有四项，我孔丘连其中的一项也没有能够做到：作为一个儿子应该对父亲做到的，我没有能够做到；作为一个臣民应该对君王做到的，我没有能够做到；作为一个弟弟应该对哥哥做到的，我没有能够做到；作为一个朋友应该先做到的，我没有能够做到。平常的德行努力实践，平常的言谈尽量谨慎。德行的实践有不足的地方，不敢不勉励自己努力；言谈却不敢放肆而无所顾忌。说话符合自己的行为，行为符合自己说过的话，这样的君子怎么会不忠厚诚实呢？……说这四方面事情，父子、君臣、兄弟、朋友，推广到改造世界，也就是改造人与人之间的关系，人与人之间的关系有多少，有人说五，有人说四，孔子这里说了四，无外乎家庭关系、朋友关系、兄弟关系、君臣关系，等等。孔子说我都没做好，这是一种必要的谦虚，"儒者恂恂然"。所以这是君子一贯的态度，倒不是说这四样都没做好。这是一个谦虚。

"子曰：'道不远人，人之为道而远大，不可以为道。'"孔子说：道并没有远离了人，人们如果认为是与现实人生距离太远的事，那就真很可惜，不可以为道修道了！"《诗》云：'伐柯，伐柯，其则不远。'"这是孔子引用《诗经·国风》所录《豳风·伐柯》第二章的词句，它的意义，是说要斫一枝树干，斫就斫吧！只要你对着树干，瞄准了部位，直接斫下去就对了。"执柯以伐柯，睨而视之，犹以为远"，如果你用心太过，手里把握着树干，小心翼翼地，眯起眼神，看了又看，就会愈看愈难，反而不容易下手了。"故君子以人治人，改而止。忠恕违道不远，施诸己而不愿，亦勿施于人。"所以要学做君子的人，在世间人群中修行仁道，并没有其他特别的方法，你要知道自己是一个人，别人也是一个人，如果自己错了，便改过就是了。

对人尽心尽力叫作忠。能够原谅包容别人叫作恕。如果能够处处以忠恕待人，那就离道不太远了。换言之：你只要觉得这样做，这样说，加在自己的身上是很不愿意接受的，那你就不要照这样加在别人的身上就对了。这句话，在《论语》上也记载过不止一次，"己所不欲，勿施于人"便是对同一意义的两种记录。"君子之道四，丘未能一焉"，孔子又自己很谦虚地表白说：君子之道有四种重要的修为，我一样都没有做到。"所求乎子以事父，未能也"，想要求自己做一个很好的儿子来孝养父亲，我并没有真能做到（因为孔子在童年的时候，父亲早已逝世了）。"所求乎臣以事君，未能也"，想要求自己做一个很好的臣子，好好地为国君做点事，我并没有真能做到（其实是鲁国的权臣们排挤他，其他各国的君臣们也怕他，但他始终没有埋怨别人的意思，反而只有自责而已）。"所求乎弟以事兄，未能也"，想做一个很好的弟弟，能够很好地照顾兄长，我也并没有真能做到尽我做弟弟的责任。"所求乎朋友先施之，未能也"，想对于我的朋友们，能够做到事先给他们好处和帮助，我也没有真能做到。

至于"庸德之行，庸言之谨，有所不足，不敢不勉。有余，不敢尽"，我只能做到对于最平凡通俗人们所要求的德行，我会尽量去做好。有关平凡通俗所要求的话，我会很小心谨慎地去实践。"有余，不敢尽"，万事留有余地、余力，都不敢做绝了。"言顾行，行顾言，君子胡不慥慥尔"，讲得出口的话，一定要在自我的行为上兑现。在行动上的作为，一定是合于我自己所说过的道理。因为我要以君子的标准要求自己，岂敢不随时随地踏踏实实去用心实践呢？"君子素其位而行，不愿乎其外"，真正要学做君子的人，不受外界影响和诱惑而变更本愿。

"素富贵行乎富贵，素贫贱行乎贫贱，素夷狄行乎夷狄，素患难行乎患难。君子无入而不自得焉。"（《中庸》第14章）如果本来就出生在富贵的环境中，那就照富贵的条件去做，不必过分假扮成平常人了。如果本来就是贫贱的，那就踏踏实实过着贫贱的人生，不需要有一种自卑感的存在，故意冒充富贵。如果本来就是夷狄中人，文化水平不高，或者现在是居住在文化水平较低的夷狄环境中，那就按照夷狄的习俗去做一个夷狄中的好人。如果正在患难之中，那就只能照患难中的环境来自处，以待解脱。倘使因患难而怨天尤人，反而增加了患难中的痛苦，更难解脱。倘使你能彻底明白了素位而行的道理，即现代人所说的随时随地能适应环境，那便可无往而不自得其乐了。当然，乐在自得，是内在的。假定是别人给你的安乐，那是外在的，并不自在。因为别人同样可取消你的安乐。

"在上位不陵下，在下位不援上，正己而不求于人，则无怨。上不怨天，下不尤人，故君子居易以俟命，小人行险以侥幸。"（《中庸》第13章）明白了素位而行的道理，虽然你今天地位权力高高在上，但也绝不能轻视或侮辱在你下位的人。如果你在低级的下位，也不必去攀缘上级，只要尽心尽力去做到职责以内的分内事。"正己而不求于人"，自己就会坦然自得，并没有什么值得怨恨了。一个人能做到上不怨天，下不埋怨别人，那就能很自在了。"故君子居易以俟命，小人行险以侥幸"，所以说，要学做君子的道理，知道了素位而行的原则，平生只如《周易》所说的道理，真心诚意地做人，任随时间空间来变易现实，以待天时的机遇，即使不得其时，也可自得其乐。但是一般不学君子之道的小人们，宁可偷巧而去冒险，希望侥幸求得成功，结果都是得不偿失。这正如古人有两句咏阴历七月七日"乞巧节"的诗说："年年乞与人间巧，不道人间巧几多。"侥幸取得偷巧的成果，到底并非常事，而且是很不牢靠的。

孔子提出了"君子素其位而行，不愿乎其外"以及"君子居易以俟命，小人行险以侥幸"的观点。曾经有人问我："这是孔子主张人要守本分，不可冒险做本分范围以外的事，我们看到现在一般人做事，只顾本位主义，反而认为'多做多错，少做少错，不做不错'是对的，这岂不是'素位而行'的弊病吗?"我说："如果把孔子的'素位而行'，以及不求侥幸而成功的道理，解释为只顾本位主义的私心作用，那便是很大的偏差误解了。同时也忘记了孔子所提示'居易以俟命'的重点了。他所说的'素位而行'的道理，重点是要你注意一个'位'字。"

孔子是年过半百以后才专心研究《周易》。《周易》的大法则，是告诉我们宇宙物理和人事的规律，万事万物随时随地都在变之中，交变、互变、内变、外变，世界上没有一个永恒不变的事物，这与佛说"诸法无常"是同一原理。但在变化中间，是存有将变未变，和变前变后现象运行的变数。如从一到二、到十、到百，一分一秒，一步一节，各有不同的现象出现。由于这个原则，如果对人事来说，最重要的，便要知道把握合于变数的时间，和你所处的位置。如果是不得其时，不得其位，或不适其时，不适其位，你要勉强去做，希望侥幸而得，就会为时间的运转和空间的变化所淹没了。假使得时得位，你想不做，也是势所不能的。所以孔子早年去见老子，老子便告诉他："君子得其时则驾，不得其时，则蓬累而行。"他已明白告诉孔子，你虽然有大愿力，要想济世救人，可是这个时势，并不适合于你，不得其时其位，是永远没有办法的。后来的孟子，最后也明白了这个道理，所以便说，"虽有智慧，不如乘势。虽有镃基，不如待时"的名言了。

举一个历史上大家所熟悉的人物故事的例子，汉代韩信的少年时代，是不得其时、不得其位的倒霉时期，他头脑清醒，知道忍辱，所以在闹市之中，当众甘受胯下之辱。不然，举剑杀人，后果就不堪设想了。后来登坛拜将，得其时，得其位，威震一时，

第四章　君子的道德智慧 | 107

功成名遂。但他到底学养不够，一战功成以后，被自己的时位冲昏了头，就随时随地犯了错误，不知道那个时候的运数和权位，已经完全属于泗上亭长刘邦，他还想要做最后的侥幸冒险以自救，结果便弄巧成拙，身败名裂了。以汉初人杰来说，只有陈平最能把握时位，自处得比较好，但他也很自知。后世的评价，真不失其为人杰。

君子一生所求，并非身外之物，而是内在美德；小人一生所求，并非内在美德，而是身外之物。身外之物，其如名利、权势，于君子来说只是实现自己人生价值的工具，而人生价值则不是这些工具本身；小人只知名利、权势，而不知其他。

所以君子能够隐退于名利、权势之外，小人则深陷其中无法自拔。君子担道行义，以张扬仁义为己任。孔子曰："君子义以为上。"（《论语·阳货》）何谓义？孔子没有明言。《中庸》曰："义者，宜也。"董仲舒曰："义之法在正我，不在正人。"❶ 韩愈曰："行而宜之之为义。"（《原道》）义所考究的是行为本身的正当性，是不计后果的正义性，是当下意义中的无条件的"应当"，所以要"见义勇为"。孔子曰："见义不为，无勇也。"（《论语·为政》）君子的精神追求就是行仁行义。"君子之于天下也，无适也，无莫也，义之与比。"（《论语·里仁》）君子做事的基本价值尺度就是义，就是只问行为本身正当与否。

孔子不否认人有追求正当利益的权利，但强调人对于利益的追求一定要符合正当性的要求。"富而可求也，虽执鞭之士，吾亦为之。如不可求，从吾所好。"（《论语·述而》）"不可求"之事，也就是不义之举。"不义而富且贵，于我如浮云。"（《论语·述而》）

---

❶　曾振宇、傅永聚：《春秋繁露新注》，商务印书馆，2010，第26页。

违背义的事情，即使再有利也不应当做。"富与贵，是人之所欲也，不以其道得之，不处也；贫与贱，是人之所恶也，不以其道得之，不去也。君子去仁，恶乎成名？君子无终食之间违仁，造次必于是，颠沛必于是。"（《论语·里仁》）追求富与贵，无可非议，但不能因为追求富贵而伤害仁义。

所以，"志士仁人，无求生以害仁，有杀身以成仁"（《论语·卫灵公》）。君子的精神追求是担道行义，在孔子看来，"士志于道，而耻恶衣恶食者，未足与议也"（《论语·里仁》）。"子贡问孔子：'伯夷、叔齐何人也？'孔子曰：'古之贤人也。'又问：'怨乎？'对曰：'求仁而得仁，又何怨。'"（《论语·述而》）君子无所怨，君子应当把维护自己的精神追求，当成最高的追求，甚至可以为此而不惜牺牲一切。一个人，如果能够真正懂得这个道理，那么，也可以做到死而无憾了。"朝闻道，夕死可矣。"（《论语·里仁》）

第四节　君子之省

> 君子博学而日参省乎己，则知明而行无过矣。
>
> ——《荀子·劝学》

"省"最早与"眚"为同一字，原意为关心农作物生长经常去察看，省者察也。

曾子曰："吾日三省吾身，为人谋而不忠乎，与朋友交而不信乎？传不习乎？"❶ 可见"内省"的重要。以最务实的方法，针对

---

❶ 陈桐生译注：《曾子·子思子》，中华书局，2005，第113页。

自己的一言一行、一举一动加以检讨反省，精益求精。透过这样日积月累的努力，才能一步一个脚印地达到提高自己的目的。曾子提出"吾日三省吾身"，他是一个非常有勇气的人，勇于直视自己的心灵，秉持着自己的担当，所以他能够从孔子的众多弟子中脱颖而出，成为儒家思想重要的传承人，被尊称为"宗圣"。懂得反省是一种智慧。不懂反省的人在人生道路上是容易从这个坑里，掉进另外一个坑里，从不总结经验。古今中外但凡有成就的人，皆非常注重自我反省，即检讨自己的内心。

贤君明主更是注重自身修养，李世民说："以铜为镜，可正衣冠；以史为镜，可以知兴替；以人为镜，可明得失。"反省是一面镜子，它能将我们的错误清清楚楚地照出来，使我们有改正的机会。很多心理学家认为：改善心智模式的前提，需要有自省的能力和勇气，也就是要客观公正地认识自己，不留情面地剖析自己。《论语》中有这么一句话："小人无错，君子常过。"这句话的意思是：小人永远觉得自己没有错，错的是别人，君子常常反省自己的过错。一个不懂反思自己的人，很难有感恩之心，你给他一座银山，他还觉得你欠他一座金山。一个不懂反省的人，永远都在抱怨，在他眼里过错都是别人的，其实最大的问题是他自己。一个不懂反省的人，不懂换位思考，永远活在自负偏激，自以为是的世界里。一个不懂反省的人，始终在原地踏步，漫漫人生之路，他只有经历，没有经验。反省帮助我们健全人格，总结教训，感恩他人，学会在歧途中止损。而一个不懂反省的人，注定是一个没有未来的人。

《道德经》说"其出弥远，其知愈少"，一个人越是追求向别人炫耀，内心越容易不清净，也就越不容易看见自己心灵的状态。权力、财富、名声、美色、奢侈品，等等，这是多少人的向往，在这条道路上走得越远，回到安然宁静的心灵世界就越难。所以，一个人为什么不能接纳自己？因为他被绑架了，被自己的欲望绑架了，他的目光在远方，他追求的生活在远方，他当下的一切是不能被自己接纳的。我们似乎看到一幅图画：一个人拼命地走向远方，在路上捡拾到一些东西，一阵子开心过后又陷入了不开心。开心的路在哪里？开心的路就在自己心里！每个人的心灵都蕴蓄着意想不到的力量，通过反省，从欲望的迷梦中觉醒过来，踏踏实实地接纳现实，踏踏实实地学习，踏踏实实地成长，让世俗的成功成为人格的伴生品，这样才会拥有踏踏实实的快乐。这才是真正的智慧，真正的自知之明。

《论语》中孔子给曾子的评价是一个"鲁"字，许多专家解释"鲁"就是比较迟钝，理解事情比较慢，但这样的人凡事比较认真，甚至是较真。他对自己要求很严格，做事情、交朋友、提高修养，来不得一丝马虎，"三省吾身"不是一般人能做到的。我们在学习他这股认真劲儿的时候，也要注意不能钻牛角尖。比如对忠字的理解，尽心尽力地为别人办事情就好，不能放弃自己的原则，也不必不顾实际情况做无用功。比如对信字的理解，孔子说人没有信用是不可以的，就像大车小车没有关键控制环节，那怎么可行呢？但是孔子又说，一个人如果是完全"言必信，行必果"的话，其实是一个很死板的小人。

孟子说："爱人不亲反其仁，治人不治反其智，礼人不答反其敬，行有不得者，皆反求诸己"（《孟子·离娄上》），这都是自省的表现。所以孟子又说："爱人者，人恒爱之；敬人者，人恒敬之。行有不得者皆反求诸己，其身正而天下归之。"《诗》云："永言配命，自求多福。"古人说："各自责，天清地宁；各相责，天翻地覆。"社会是一个大家庭，如果每一个人都能够"反求诸己"，则大家能和睦相处。如果遇事都是互相埋怨，推诿扯皮，把责任尽往别人身上推，那么，只会让事情变得更糟。

人与人相交往是一门很重要的学问，而且这门学问可能你学一辈子都还觉得不够，所谓"人情练达皆文章"，但是也有一个核心，只要你能处处替人着想，相信你就能做到"己所不欲，勿施于人"，"行有不得，反求诸己"；就能做到"己欲立而立人，己欲达而达人"，也能够做到礼让、忍让、谦让。孟子说"人必自侮，然后人侮之"，人一定是自己瞧不起自己，自己常干一些侮辱自己的事，人家才会瞧不起你，你自己穿得邋遢，人家怎么尊重你？所以人必先自取其辱，人家才会侮辱你。家庭里必然是家人之间先有冲突了，别人才能趁虚而入；一个国家必然是内部已经起冲突了，其他的国家才来打它，才来统治它。所以根源在哪？根源还在自己，所谓俗话说的"家火不起，野火不来"，家里的无明火不烧，外面的火也烧不进来。所以遇到人生的问题一定要反省自己，才能够把形成这件恶果的原因真正找出来，也只有你自己真正找出原因才能化解这件事。

《吕氏春秋》里面有一句很重要的教诲："凡事之本，必先治身。"所有事情的根本在哪里？就是自己的修身功夫。"成其身而天下成，治其身而天下治"，所以"为天下者不于天下于身"，所以为天下的也好，为家庭的也好，为国的也好，都要先从自己的修身根本开始做起。

君子是精神境界和理想人格的表征者。在论述君子问题时常常会说，君子是一种精神境界的代表，是一种理想人格的代表。精神往往与物质相对，理想往往与现实相对。"君子之所以异于人者，以其存心也"（《孟子·离娄下》），恰恰是因为他们是一群精神和理想的追求者。说得通俗些，君子之所以为君子而有别于常人，他们一定不会太现实、太功利，而是将具有超越性作为自己的必备之品德，而儒家所主张的"君子不器"，也正是在这个意义上确立的。

坚守正当的利益观，应该说是君子精神和理想追求的表现。君子不是不要利，而是在乎获得利的方式。孔子说"富与贵，是人之所欲也，不以其道得之，不处也；贫与贱，是人之所恶也，不以其道得之，不去也"（《论语·里仁》），富有高贵，这是人人都想得的，但如果不用正当的途径得到它，君子不会泰然接受；贫困下贱，这是人人都厌恶的，如果不通过正当的途径改变它，君子宁愿不去改变。孟子也明确指出"非其道，则箪食不可受于人"（《孟子·滕文公下》），是说，如果不合道、不合理的取得，就是一筐饭食也不能接受。"君子爱财，取之有道"，此之谓也。

超越物欲功利，为了追求思想、精神和信仰之大道，甚至甘于清贫，不为物利所动，乃是君子之道的最典型表现。孔子说"君子谋道而谋食……君子忧道不忧贫"，可见，君子谋求道而不谋求利益，君子只担心得不到道，而不担心得不到财。"谋道""忧道"是君子的人格。在君子看来，"道"就是精神，"道"就是理想，"道"就是信仰，故"志于道"者方能成为君子。

第五节　君子之恕

君子有三恕：有君不能事，有臣而求其使，非恕也；有亲不能报，有子而求其孝，非恕也；有兄不能敬，有弟而求其令，非恕也。士明于此三恕，则可以端身矣。

——《孔子家语》

恕：《说文》：恕，仁也。《传曰》：仁者，必恕而后行也。《礼记·中庸疏》：恕，忖也，忖度其义于人也。程注：恕者，仁之施也。朱注：恕非宽假之谓。又曰：推己及物为恕。作名词，指"恕道、体谅"也，《说文解字》：恕，仁也；又见《孟子》：强恕而行，求仁莫近焉。也作"仁爱之心、忠厚老实、宽仁之道"，《礼记·中庸》：忠恕违道不远。作动词，指"宽恕、饶恕"之义，《答司马谏议书》：故今具道所以，冀君实或见恕也。

"忠""恕"共同构成了中国传统道德规范，从字面意义上理解，忠，是尽心为人，中人之心；恕，是推己为人，如人之心。忠者，心无二心，意无二意；恕者，了己了人，尽心如人。从向度来看，忠者，是对他人尽心尽责，恕者是对自己如心如意。在孔子那里忠恕是居道德思想的枢纽地位，是实现"仁"这个思想核心的根本途径。忠是从积极的方面说，也就是在《论语·雍也》篇里孔子所说的："己欲立而立人，己欲达而达人。"自己想有所作为，也尽心尽力地让别人有所作为，自己想飞黄腾达，也尽心尽力地让别人飞黄腾达。这其实也就是人们通常所理解的待人忠心的意思。恕是从消极的方面说，也就是在《论语·卫灵公》篇里孔子回答子贡"有一言而可以终身行之者乎"的问题时所说的："其恕乎！己所不欲，勿施于人。"自己不愿意的事，不要强加给别人。"恕"是中国传统道德的重要规范，古人云"圣人之德，莫美于恕"。儒家对于"恕"的具体解读为"己所不欲，勿施于人"，这正说明了"恕"作为道德规范，要求人们以自己的仁爱之心去推度别人的心，正确处理人际关系，实现和谐相处。

"恕"是儒家思想的重要组成部分，它不仅是为人处世之道，也是养德修身之则，更是践行"仁""忠"之方。《论语·里仁》："子曰：'参乎！吾道一以贯之。'曾子曰：'唯。'子出，门人问曰：'何谓也？'曾子曰：'夫子之道，忠恕而已。'"孔子思想的核心就是由"忠恕"两个字概括，忠是"己欲立而立人，己欲达而达人"，恕是"己所不欲，勿施于人"。"恕"在儒家思想中居于相对核心的地位，是"仁"的具体表现。"恕"的精神内核在于，尊重自己和他人的主体意识，坚持利己和利他辩证统一。《论语·卫灵公》："子贡问曰：'有一言而可以终身行之者乎？'子曰：'其恕乎！己所不欲，勿施于人。'"自己不喜欢，也不要给对方增添烦恼；自己不愿承受的事也不要强加在别人身上。

"恕"的行为主体是"己"与"人"，"恕"的基本要求是推己及人，推知他人心思，换位思考，将心比心，做到设身处地为他人着想，同时也是自我修身养性的处世之道。己欲立而立人，己欲达而达人，这是儒家的基本主张之一，其实现形式便是"恕"。这要求人们多以"恕"之道来规范自己的言行，消解矛盾和隔阂，在人与人之间构建起包容的空间，以道德意识的自觉实现对自己的约束。从行为主体来看，除了人与人之间，也包含社会组织、国家等广义概念。中华民族文化基因中有"恕"的精神，不仅要求原谅、宽恕他人过失，而且尊重各族和异域文化，形成兼收并蓄的中华文明，并且使灿烂的文明永续传承。

"恕"的思想是不断完善的，先秦儒家对于"恕"的理解具有一定的片面性和局限性，一味强调将心比心和稳定，而对社会现实有所忽视，将道德概念从社会生活中抽离，置于相对理想的状态中。后来的儒学家不断继承发展，使"恕"的意义由道德底线变为引导性的道德主张，"恕"的思想范围进一步扩大，也更容易为普通百姓所接受并践行。儒家之学，重在修己治人，修己是要提升自己，治人是要济世。以严正标准修养人格，以个人心力改造社会。继承儒家思想中的"恕"，应该从自我修养和社会责任两个方面进行。自我修养表现在社会关系网络中如何自处，在自律的前提下律人，方可事半功倍；社会责任是以一己之力将有益于人性修为的思想传递出去，达到社会的和谐统一。

提高当今社会对"恕"的理解应从两个方面进行：一是读书，阅读经典、解读经典、传承经典，从知识层面推动；二是实践，以社会上众多鲜活的案例和众人行为的闪光点作为"教材"，从行为层面引导。此外，在传承"恕"的过程中，还应有与时俱进的精神，在去粗取精、去伪存真的过程中，赋予传统思想新的时代精神，这是实践"恕"的现代价值的最好途径。在新的历史时期，传承"恕"的精神，要求人们无论在工作还是生活中，对于他人的误解、过失等多些理解和宽容，遇事冷静分析，多看到积极的一面；同时，也要多换位思考，夫妻之间、父母子女之间、同事之间，乃至路人之间，碰到问题或遇到矛盾时，换位思考一下，很多问题就会迎刃而解。

当前，"恕"的传承确实遇到了不小的挑战。一些人过分强调个人利益，甚至是罔顾他人利益的个人利益，遇到矛盾和争执不依不饶，轻则恶语相向，重则施以暴力。其实很多矛盾和问题，都没有触及底线和原则，只不过在过度追逐个人利益的情况下人会失去理性的宽容。生存压力和竞争压力下，人们往往容易模糊对于道德的认知。所以，在当代倡导"恕"的美德，要在当代道德体系和文化语境下寻找适于现代人、当代人接受的方式和表达。

"己所不欲，勿施于人"是最早由儒家始祖孔子提出的一种准则。也就是，你要求别人做什么时，首先自己本身也愿意这样做，或你本身也做到如别人这样了，那么你的要求才会心安理得；通俗理解就是，自己做不到，便不能要求别人去做到。这句话所揭晓的是处理人际关系的重要原则。孔子所言是指人应当以对待自身的行为为参照物来对待他人。人应该有宽广的胸怀，待人处事之时切勿心胸狭窄，而应宽宏大量，宽恕待人。

现实生活中，做到忠依靠信仰、利益；而做到恕则依靠内心的思想觉悟。孔子思想是建立在仁－爱的基础上，无论忠和恕都是以爱为出发点和落脚点，在孔子生活的时代以及孔子本人的思想觉悟中，爱是没有条件的，是纯洁无瑕。谈到忠恕之道，不得不说的便是孔子之言：其恕乎，己所不欲，勿施于人。"忠恕"是儒家的重要思想之一，孔子学说的核心就是"仁道"，"忠恕"是仁道的基本要求，是处理人与人之间关系的基本原则。

何为忠，即尽力为人谋，中人之心。"忠"作为一个道德规范，它是指自己内心一种真诚地对人对事的态度，以及由此去诚实地为他人谋事做事的行为，是规范人与人之间相互关系的范畴。具体体现在长幼之间、君臣之间、个人与国家民族之间的道德关系，下面来深入探讨一下。对长辈能尽孝道，既是中华民族的传统美德，又是儒家思想中的小忠。从小就树立起孝道观，将为以后的成才发展奠定良好的基础。君臣之间不单单只是尊卑关系，更多的是臣子为君为国尽心竭力、无私奉献，而君王能给予臣子相应的信任及奖励。他们之间是相对平等的，互信互利的关系。个人对国家民族应该抱有责任感，努力完善自身以达到更高的境界去报效祖国，以最大的热忱去回报社会。我们不是独立的个体，处在社会中我们总是肩负着不同的使命，尽力去帮助别人，忠于自己的内心。忠于国，即忠于自己。

何为恕，即推己及人，如人之心。孔子有云："吾道一以贯之。"曾子解读道："夫子之道，忠恕而已矣。""恕"是以自己的仁爱之心去推度别人的心，从而正确地处理人际关系和谅解别人不周或不妥当之处。"恕道"是将心比心，严于律己，宽以待人，以己度人，推己及人。这种道德规范有利于人与人之间的相互理解和谅解，如果人人都懂得"恕道"的价值，并且实行它，就可以消除人与人之间的隔阂，化解人与人之间的某些不必要的矛盾，使人与人之间的关系更加和谐。在现实生活中着重体现于在家和父母妻儿、在单位和领导同事，以及亲朋好友之间。

在家和父母妻儿要注重交流，学会换位思考，不能把在外面受的气撒在至亲之人身上。多一些信任与关怀，少一些猜忌与冷战，学会宽容，同时也是在为自己松绑。在单位与领导要相互理解，员工要不断提升自身技能，适应工作的发展需要，而作为领导，要体谅员工的不易，不能因为工作的不顺心而随意斥责员工，导致团队内部离心离德。亲人朋友间要保持一定的距离，可以互帮互助，可以在你失意时给予安慰，更多地考虑对方的感受，这样才能维持良好的友谊。对亲人要多一些关心与照顾，换个角度思考问题，也许就能有更加和谐稳定的亲情。

秦朝丞相李斯也说："泰山不让土壤，故能成其大；河海不择细流，故能就其深；王者不却众庶，故能明其德。"无不是在强调包容在为人处世中的重要作用。有包容的气量、坦荡的心胸，方能有他人没有的那份坦然与豁达。靖郭君的事迹告诉我们：心胸有多大，路就有多宽广；包容有多少，获得就有多少。"己欲立而立人，己欲达而达人。"最好的忠恕之道，便是在成就自己的同时，也能帮助他人成就梦想。以己之力助彼之立，互相成就才是忠恕之道的最高境界。

第五章

君子的自我管理

第一节　君子之思

　　君子有三思，而不可不思也：少而不学，长无能也；老而不教，死无思也；有而不施，穷无与也。是故君子少思长，则学；老思死，则教；有思穷，则施也。

　　　　　　　　　　　　——《荀子·法行》

　　思，最早见于金文，其本义是深想、考虑，由此引申出怀念、悲伤、意念、创作的构想等。《说文解字》：思，容也。《尚书》有"思心曰容"之说，"貌曰恭，言曰从，视曰明，听曰聪，思心曰容，谓无者之德，非可以恭释貌、以从释言、以明聪释视听也。"作"考虑"义，《论语·为政》：学而不思则罔，思而不学则殆。作"怀念、相望"义，《史记·魏世家》：家贫则思良妻，国乱则思良相。亦作"悲伤、哀愁"，《礼记·乐记》：亡国之音哀以思，其民困。

孔子说过"学而不思则罔，思而不学则殆"，学习与思考是互相促进的。思考的过程是学习的过程，亦是总结和进步的过程。学习是对新的东西的探索和获取，思考是对旧的东西的回顾和积淀。学习是把各种东西兼收并蓄，博采广纳，而思考是去粗存精、去伪存真，把各种学习获得的知识进行归类整理、条分缕析。也可以说学习过程是粗犷的，而思考过程是精细的。没有经过思考沉淀的知识还不系统和完整，还不能完全被认可和接受，因此班昭有"君子之思，必成文兮"（《东征赋》）。也就是经过思考加工过的东西，才具有文采和道理，才有一定的可信性。尤其是在今天这个信息泛滥，人人都是信息源、新闻媒体的时代，人们获得广大信息知识，其中可能有假信息、伪科学，必须经过自己大脑的思考，去伪存真后才能被接受，否则就是信息垃圾。

人生是一个漫长的过程，生存、交往、事业等充满了各种竞争和挑战，因此要学会应对，其中学习就是应对的方式。当然，人生漫长，总会遇到各种不测和困难，因而也要给自己留下一条后路和生机，因此在生活的过程中，要注意积累人生的资本，为后人、为他人多做一些善事和好事，在成全自己的同时，也成就他人。

在儒家思想中，思主要是针对做好自己的，因此曾子就说过"君子思不出其位"（《论语·宪问》），而孔子则认为"不在其位，不谋其政"，其中"谋"即与"思"一个含义。儒家认为修身养性不但要学，而且要思。"三思而后行"，思考是行动的前奏，思想是行为的指导，没有思考就是盲干，没有思想就是乱干。因此孔子进一步提出君子要有"九思"："君子有九思：视思明，听思聪，色思温，貌思恭，言思忠，事思敬，疑思问，忿思难，见得思义。"如此才能让自己更成熟、更稳重、更明白。当然能完全做到"九思"的人很少，但至少要不断检视、反思自己的言行举止。"君子检身，常若有过"（《亢仓子·训道篇》）人总是在不断反躬自省中进步，在自我革命中达到自我完善。

君子视思明，要分得清是非，辨得明真假，要把人和事看得通透。但有些人往往就是看不清是非曲直，或者是不敢或者不想看清真假虚实。要么放弃了自我的标准，换得一时安稳，却遭受良心的煎熬，痛苦一生。当然，如果是看不清人和事，但是看清了自己，愿意与世无争，逍遥自在，这样的君子，至少能守住自己内心的那块天地。

君子听思聪，不要听风则雨，要多听多想，要听得聪明。人多嘴杂，每个人的标准不同，思维方式不同，同一个事物在不同人嘴里千差万别，有的真实有的夸张，光是听人说，安能辨它真伪？君子要多听，要善于听不同的声音，还要听得聪明，要听得出什么对自己有利。首先要做一个好的倾听者，才能做一个好的语者。

君子色思温，谦谦君子，自古就有。君子应该有平和的心态，温润的言语。要心怀宽广，有容乃大；要处变不惊，潇洒自如。有时候太激烈和明显的表情能瞬间转变周围的气氛，引起不必要的麻烦，君子应该有比常人更大的气量，比常人更稳定的情绪。

君子貌思恭，要真诚待人，无论贵贱；懂得尊敬，也懂得谦卑，就像是一块玉，不像炭火那么炽热，不像冰水那么寒冷，温温的，让人觉得舒服。只有尊敬别人，才能得到别人的尊敬，那些目中无人，总是高高在上的人，不懂得自己什么时候应该谦虚和恭敬的人，不会有好结果的。

　　君子言思忠，要学会说话，懂得说话，什么时候该说话，什么时候该说什么话。要言行一致，说出的话，掷地有声，常言道君子一言，驷马难追。自己的话要对自己的心忠诚，自己的话要对自己的行为忠诚。只可惜，有的人阳奉阴违，心口不一，让人感到厌恶。

　　君子事思敬，要懂得敬业，每一份事业都需要全心全意，都要全情投入。没有随随便便就能做好的事情，只有仔细思考，周密准备，态度认真，才有可能把事情做好。

　　君子疑思问，要好奇，要有疑问，要多问。只有不断发现问题，不断思考问题，才能不断解决问题，才能不断进步。学会提问，经过时间的积累和实践的经验，才能知道什么地方有问题；有提问的好奇心，才能在别人没有注意的地方发现问题，人之所以为人，除了会使用工具以外，还有会思考，人类在思考中进化。

　　君子忿思难，对于这一点，笔者认为是君子要克制自己的情绪，要学会三思而后行，学会忍让。当然，这些都是在自己的最大容忍限度以内的，不能因为需要做君子就让那些小人得寸进尺。首先是要忍让，其次才是反击。退一步海阔天空，有时候一时的忍耐，可以换来今后长久的平稳发展。

　　君子见得思义，笔者认为是指在利益面前，要知道自己坚守的道义。有的人见利忘义，看见即得好处，便忘记了自己还是个人，为了利益可以牺牲别人的一切甚至生命。君子爱财要取之有道，切不能把道义放两旁，利字摆中间。

　　这里主要说一下"君子思不出其位"，就其字面意思来解释，就是对每个有职位的人来说，只考虑自己职权范围内的事。孔子所要强调的是，做官要安分守己，做好本职工作，在什么职位就做什么职位的事，既不要越位，也不要越权。

国家治理重视职权划分，强调设官分职。只有每一个官员都做好本职工作，才能保证正常的行政运转。所以，君主和政府都鼓励官员尽职尽责，而对那些越位揽权的人和尸位素餐的人极为反感。

在政治运作中，违背"思不出其位"原则的，不管是玩忽职守，还是越位揽权，都会带来严重危害。国家设置每一个职位，都有明确的职责，越权越位必然会对政治决策和执行造成不良影响，严重的甚至会导致政治混乱。越位通常有三种，上级侵夺下级职权，平级侵夺同僚职权，下级侵夺上级职权。其中，尤以上级侵夺下级职权的事情最为常见。比如，古代的皇帝非常喜欢干预臣下的政治活动，就算是最出色的皇帝也难免有这样的缺点。西汉文帝有一次出行，在经过中渭桥的时候，被一个莽撞的人惊动了车驾。皇帝的随从抓住此人，把他交给司法部门治罪。廷尉张释之判处此人应交罚金，汉文帝知道后很生气，说："此人竟敢惊扰我的车驾，幸亏我的马温顺，假若是烈马我就危险了，你怎么仅仅判他交罚金！"张释之解释说，我们的法律就是这么规定的，如果加罪重判，就是枉法，肯定会失信于民众。汉文帝琢磨了半天，才同意张释之的判罚。汉文帝是历史上杰出的皇帝，尚且忍不住干预臣子的司法活动，其他皇帝可想而知。皇帝的不当干预，会导致国家政治日益混乱。

"思不出其位"，还要求官员"思其位"，就是要认真履行自己的职责，不可玩忽职守。否则，必然会造成严重社会后果。比如，防守边关的将军担负着了解敌情、保卫边疆的重任，如果边将玩忽职守，很可能遭到敌军的偷袭，使国家受到严重安全危机。《三国演义》中有个故事，说袁绍要与曹操在官渡进行决战，而粮仓则设在乌巢。为了保证供给，他派大将淳于琼率兵保护乌巢。但淳于琼是个贪杯误事的家伙，他以为乌巢离前线甚远而不加防备。他玩忽职守的结果是，乌巢被曹操偷袭。当曹操出奇兵骗过沿途盘查，到乌巢举火烧粮之时，淳于琼还因与众将饮酒醉卧帐中。等他睁开蒙眬的醉眼，乌巢粮仓已化为灰烬。他本人也做了曹军俘虏，被割去耳鼻手指。淳于琼没能尽忠职守，不仅自己受辱，而且使袁军失去粮草遭到惨败。袁绍在官渡之战中失利，淳于琼是有责任的。他的玩忽职守在某种程度上改变了历史。

只有每个官员都认真履行职责，不缺位，不越位，政治活动才能有条不紊地展开，社会才会繁荣起来，国家才能富强。

第二节　君子之畏

君子有三畏：畏天命，畏大人，畏圣人之言。小人不知天命而不畏也，狎大人，侮圣人之言。

——《论语·季氏》

畏：会意字，据甲骨文考察，是鬼手里拿着杖打人，使人害怕，本义：害怕。在经典文献中"畏"的本义被经常使用，《广雅·释诂二》：畏，惧也。《孟子·梁惠王下》中有这样的句子，"以小事大者，畏天者也。"《史记·魏公子列传》中有"公子畏死耶？何泣也？"畏还有"敬服""憎恶""担心"等意思。

此言深意，不限于谈"畏"与"不畏"，以及君子和小人的界限。

敬畏，乃人生大智慧。敬畏，其实就是人类对待世间万事万物的一种态度。敬为尊敬，畏为畏惧，合在一起是因尊敬而畏惧。

一个人只有心存敬畏，才会走得远，走得稳。凡有怕者，才会有所收敛，必身有所正，言有所归，行有所止，偶有逾矩，亦不出大格。真正的智者，知道什么该做，什么不该做，懂得适可而止，敬畏天地，敬畏生命，敬畏自然，敬畏规律，敬畏道德，敬畏一切应该敬畏的东西。

举头三尺有神明，有敬畏之心自可自律。曾国藩在《诫子书》中写道："慎独则心安，主敬则身强，求仁则人悦，习劳则神钦。"❶ 只有心怀敬畏之人，才会牢记"慎独"二字，才有危机感，才能知方圆、守规矩，踏踏实实干事、干干净净做人。只有心存敬畏，方能行之高远。《围炉夜话》说："立身之道何穷，只得一敬字，便事事皆整。"朱熹在《中庸注》中说："君子之心，常存敬畏。"告诫人们，人生在世，应当常存敬畏之心。

生在天地间，行在红尘中，当如悦红日、心怀光明，更当如履薄冰、敬天畏地，如此方可走得久远。《菜根谭》里亦说："自天子以至于庶人，未有无所畏惧而不亡者也。上畏天，下畏民，畏言官于一时，畏史官于后世。"❷ 对天道有敬畏，方可以顺势而行，趋吉避凶。对人道有敬畏，方可同气相求，同声相应。对地道有敬畏，方可以法地之厚德，以载万物，成仁柔宽博之心。对生命有敬畏，才会珍惜生命，活在当下。对祖先、父母、师长有敬畏，方能成就孝道和师道，使家道兴旺，师道传承。因上努力，不虚今生此行。果上随缘，尊重自然规律。不刻意追逐，不盲目攀比，做正知的事，走正见的路。怀有一颗敬畏之心，行事有约束，心中有信仰。养成一点浩然之气，守在规矩中，居在方圆内。一切安宁都会不期而至，一切美好都会如约绽放。

---

❶ （清）曾国藩著，张雪健整理：《曾国藩家书》，三秦出版社，2018，第168页。
❷ 孙林译注：《菜根谭》，中华书局，2022，第231页。

　　人与大自然之间也存在一种善有善报、恶有恶报的因果关系。人敬畏天地，善待大自然，就会得到天佑地护，得到大自然的厚爱与馈赠；反之，就会受到天灾人祸的严惩。《易经》上讲："天地之大德曰生。"❶《礼记》曰："天地之道，博也，厚也，高也，明也，悠也，久也。"❷《纂要》云："东西南北曰四方，四方之隅曰四维，天地四方曰六合，天地曰二仪，以人参之曰三才，四方上下谓之宇，往古来今谓之宙，或谓天地为宇宙。凡天地元气之所生。"❸

　　综合古人对天地的看法：天为乾，地为坤；凡天地，皆元气之所生；天地之道，博大、仁厚、高洁、简明、悠远、恒久也。天地万物对人有养育之恩德。离开了阳光、空气和水，人很难存活在世上。因此，人应发自内心对天地万物怀敬畏感恩之心。

　　所以，中国儒家倡导"天人合一"，道家主张遵循自然规律，顺应自然，与自然和谐，达到"天地与我并生，而万物与我为一"的境界。明代大儒王阳明认为，人不仅对鸟兽之死、草木摧折有不忍之心，对瓦石毁弃也要有顾惜之情。伟大导师恩格斯就曾警告道："我们不要过分陶醉于我们人类对大自然的胜利，对于每一次这样的胜利，自然界都对我们进行了报复。"❹ 在天地面前，人永远要保持谦卑。

　　老子所著的《道德经》，就讲了两个字：一个是"道"，一个是"德"。"道"是什么？"道"是宇宙万物发生、发展、变化、灭亡的客观规律；"德"是什么？"德"是按照宇宙万物的客观规

❶　周鹏鹏编译：《易经·中华国学经典精粹》，北京联合出版公司，2015，第74页。
❷　胡平生，张萌译著：《礼记》，中华书局，2017，第184页。
❸　（唐）韩鄂撰，梁峻整理，范行准编：《四时纂要》，古籍出版社，2022，第17页。
❹　中央编译局编译：《马克思恩格斯文集（第九卷）》，人民出版社，2009，第559页。

律做人做事的准则。

儒家创始人孔子的学说，归根到底是教人如何做人的道德，可归结为五个字：仁、义、礼、智、信。孟子讲："无恻隐之心，非人也；无羞恶之心，非人也；无辞让之心，非人也；无是非之心，非人也。"意思是说，对苦难没有悲悯恻隐之心，就不是人；对邪恶没有羞耻之心，就不是人；不懂得推辞谦让，就不是人；不能明辨是非，就不是人。这"四心"是做人必须具备的道德。人的言行合乎道德标准，就是好人，就有福报，就会产生富贵、智慧、健康、幸福等一系列美好的生命状态，得到肯定与褒奖；背离道德标准的人，就是坏人，常被称为缺德、损德，就会降低福分，受到谴责和惩罚。

国学大师钱穆讲："当知学问与德性实为一事，学问之造诣，必以德性之修养为根基，亦以德性之修养为限度，苟忽于德性，则学问终难深入。"❶ 一个人的德永远是排在第一位的。没有德，不可能有真才实学。一个人只要在品德上不断加强修养，无论处在多么复杂的环境下，都不会迷失方向，同时在学问上也会不断长进。但教方寸无诸恶，虎狼丛中可立身。有大德相伴，必有大才相随。不重德，学了那么一点点皮毛的东西，就自高自大，自鸣得意，自私自利，最终可能"聪明反被聪明误"，一失足成千古恨！

"人事有代谢，往来成古今"。过去、现在、未来是一个有机的整体。中国是世界上唯一一个有五千年延绵不绝历史的伟大国家。敬畏祖先是中华民族的优良传统。

除夕、清明节、重阳节、中元节，是中国传统里祭祖的四大

---

❶ 钱穆著：《人生十论》，生活·读书·新知三联书店，2012，第98页。

节日。目的是提醒后人，祖先是人之源也，做人要不忘祖先，知本知源，才能生生不息。《尚书·舜典》记载："月正元日，舜格于文祖。"舜帝在元日要到祖庙祭祀祖先。"仁义"与"孝悌"是中华民族传统道德的核心，在祭奠与追思中，孕育着后人的感恩之心和责任意识。《论语·学而》记载："慎终追远，民德归厚矣。"

孔子心目中的圣人有尧、舜、禹、周文王、周武王、周公等。《论语》讲述孔子称赞尧帝说："大哉尧之为君也！巍巍乎，唯天为大，唯尧则之。荡荡乎，民无能名焉。巍巍乎，其有成功也，焕乎，其有文章！"意思是说：伟大啊！像尧这样的君主。崇高啊！只有天是最高大的，只有尧才能效法天的高大。他的恩德多么广大啊，百姓们真不知道应该用什么语言来赞美他！崇高啊，他那治理天下的功业！多么美好啊，他制定的礼仪制度！

朱熹的《朱子语类》有云："天不生仲尼（孔子），万古如长夜。"❶法国启蒙思想家伏尔泰认为，孔子的"己所不欲，勿施于人"堪称道德的最高准则，应当成为每个人的座右铭。19世纪下半叶，俄罗斯汉学兴起，奠基人就是当时来北京的宗教使团团长比丘林。他在深入研究中国文化后，惊叹道："看来啊，基督并不比孔夫子高明。"19世纪一头一尾两个俄罗斯大文学家，都非常热爱中国文化。头是普希金，推介过《三字经》，尾是托尔斯泰，亲自翻译过《道德经》。有人问托尔斯泰："世界上影响最大的文化名人是谁？"他说："孔子是很大，老子是巨大！"❷

从君子"畏天命"和"小人不知天命而不畏也"可以看出，在认知层面，是否"知天命"乃君子与小人相区别的原因之一。

---

❶　张立文：《朱熹评传》，南京大学出版社，1998，第52页。

❷　［法］罗曼·罗兰著，傅雷译：《托尔斯泰传》，华文出版社，2013，第365页。

关于这一点，我们从孔子所言"不知命，无以为君子也"也可以确证。在道德层面，是否"畏天命"也是君子与小人相区别的原因之一。"畏天命"的前提是"知天命"，没有认知层面的"知天命"，就没有道德意义上的敬畏天命；君子小人的差别的终极原因却在于"智"。

天命被孔子视为超越人间的主宰者，所以，他说："获罪于天，无所祷也。"如此，天命之于人生的威严远远高出大人、圣人之言，这是君子之"三畏"中"畏天命"为第一"畏"的原因。大人和圣人分属政治与道德存在，大人是不可抗拒的强权的象征，大人的威严在于其代表和拥有的权力；圣人则是道德完美者和理想之人格，圣人的威严在于其践行和拥有的道德。权力之于人具有强制性、压迫性，而道德说教则无，在两者之间，人们更加畏惧的是大人的权力，以及权力背后的惩罚，这是君子"畏大人"先于"畏圣人之言"的原因。此外，君子和圣人同类，都是仁的积极践履者，一方面，君子以圣人为道德完善的目标，"圣人之言"君子多能自觉遵守；另一方面，君子距离圣人最为接近，圣人之于君子并不十分神秘。这也是"畏圣人之言"位居君子"三畏"之最后的原因。

生命的世界由信仰和现实所构成。在君子之"三畏"中，天命属于信仰世界，大人与圣人之言属于现实世界。信仰世界的力量在古人看来超越现实世界，因而，"事神"比"事人"更为重要。《论语·先进》载子路同孔子关于鬼神的问答："子路问事鬼神。子曰：'未能事人，焉能事鬼？'"这一问答被普遍地解读为孔子重人轻神，甚至有无神论倾向。其实，孔子的真实意思是，"事鬼"、"事神"比"事人"更难，先"事人"，且"事"得好，然后才能"事鬼神"，因为神比人更重要、更令人敬畏。

天命属于信仰世界，君子"知天命"而小人"不知天命"，表明君子不仅把握现实世界，而且把握信仰世界，而小人只把握前者，而不把握后者。由于君子知道自己在两个世界中的位置，知道两个世界对于自己所起的不同作用，因而能对自身存在产生敬畏之心；而小人并不知道自己在现实世界中的位置，更不知道信仰对于自己的意义，因而既不能把握前者，更谈不上对后者的敬畏。

如此，在孔子看来，君子与小人的界限是先天的，不可以逾越的，君子拥有信仰和现实双重世界，有着生命的寄托，小人仅仅是现实世界中的存在者。孔子的这些看法，实际上暗含了对人的不平等的看法，而这种看法，成为后世儒家思想中或多或少存在的一支潜流。

生命终有一内外之分，内则此心，外则此身。身体健康亦不可忽视。内则为己，外则为天，畏则为一戒慎心。己虽为主，天命亦不可不戒慎。内有己而外有群，大人者一群中之领袖，故对之亦不可不戒慎。圣人发明此理，故对圣人言，亦不可不戒慎。孟子曰："彼人也，我亦人也，彼能是，我亦能是，我何畏彼哉！"故君子有杀身成仁，有舍生取义，皆由我作主，而仁义又即我之大生命所在，此又何畏焉？故畏乃对外诸事有之。西方人生命寄在外，外面一切事物此争彼夺，胜败无常，若终有一不可知之外力存在。此外力不可知，乃造为各种神怪，以代表此不可知之外力，以形成各种恐怖小说、恐怖戏剧、恐怖电影，使人看了反觉内心有一安慰，有一满足，此正见西方人之内心空虚，故遂生出此要求。而此种恐怖，则不仅在小说、戏剧、电影中有之，实际人生中亦时时处处有之。故西方人对人生必主斗争，主进取，而永无休止。

中国亦有小说，如《西游记》《封神榜》之类，但与西方以恐怖为终极者不同。至如《聊斋志异》中诸妖狐，则使人梦寐求之，欲得一亲而未得为憾。又如《白蛇传》，白蛇对其夫其子之爱，岂不更胜于人类？其遭遇挫折，使人同情。虽属神怪，亦何恐怖之有？西方人于恐怖题材外，又有冒险题材，冒险多为打散恐怖。中国亦有冒险题材，则出自侠义忠勇，又与西方不同。要之，西方文学恐怖、神怪、冒险多在外面自然界，给予人生以种种之压迫；而中国之神怪、冒险，则皆在人文界，使自然亦臻于人文化，其心理不同有如此。

第三节　君子之惜

> 君子有三惜，此生不学可惜，此日闲过可惜，此身一败可惜。
>
> ——《明史》❶

惜：《说文解字》：痛也，从心，志忑不安而充满哀怜之情。本意为"哀痛、哀伤"，见《楚辞·惜誓序》：惜者，哀也。另一解为"舍不得""贪"，见《玉篇·心部》：惜，吝也，贪也。也常常引申为"重视、爱护"，见《吕氏春秋·长利》：为天下惜死。或被引申为"感到遗憾"，司马迁《报任安书》：惜其不成，是以就极刑而无愠色。

时间是存在的证明，时间是生命的标志。时间很玄妙，无涯无际、无始无终、无穷无尽。绵绵岁月，悠悠历史。正如老子《道德经》里所描述的那样："谷神不死是谓玄牝。玄牝之门是谓

---

❶　（清）张廷玉等：《明史》，中华书局，1974，第335页。

天地根。绵绵若存，用之不勤。"不珍惜时间就是浪费生命，虚度时间就是挥霍生命。时间不等人，《荀子·天论》中说过："天行有常，不为尧存，不为桀亡。"珍惜时间是成功的铺路石，伟大的戏剧家莎士比亚曾经说过："抛弃时间的人，时间也抛弃他。"孔子也感叹时间的无情："逝者如斯夫，不舍昼夜。"牛顿有时间永恒说，爱因斯坦有相对论说，都颇有启发性。时间涵盖宇宙一切空间，主宰地球万物。人只是时间中的一个颗粒，也是时间的一种表现形式。

18 世纪法国作家伏尔泰说："时间是个谜，最长又最短，最快又最慢，最能分割又最宽广，最不受重视又最宝贵，伟大与渺小都在时间中诞生。"❶ 时间对每个人都是公正的。人人都拥有时间，人人也都失去时间。"君子惜名，小人爱身。"（《罗织经·保身第七》）

历史无情，岁月不饶人。时间如白驹过隙，转瞬即逝。要珍惜时间，时光一去不复返。要用有限的时间去追求无限的知识，用知识来延长人生的长度，提升人生的高度，增加人生的厚度。

纵观古今中外，大凡有成就的人，无一不是勤奋学习的。鲁迅先生说过："伟大的成绩和辛勤劳动是成正比的，有一份劳动就有一份收获，日积月累，从少到多，奇迹就可以创造出来。"❷ 他是这么说的，也是这么做的。1936 年 10 月 18 日，是鲁迅逝世前一天，他面色苍白，冷汗淋漓，呼吸微弱，血压反常，指甲绀紫，双足冰冷，体温只有 35.7℃，但是仍然向夫人许广平要来当日的报纸阅读，真可谓，生命不息，学习不止，不教一日闲过也。"此日"复"此日"，组成了人生的阶梯，汇成了历史的长河。"此日"

---

❶ ［法］伏尔泰著，闫素伟译：《哲学书简》，商务印书馆，2018，第 129 页。
❷ 鲁迅著：《鲁迅杂文集》，湘潭大学出版社，2022，第 38 页。

流失，去不复返，人生几何，自当珍惜，"子在川上曰，逝者如斯夫"。列宁的"此日"——1921年2月2日，主持了4个重要会议，接见了4位同志，审阅、批示和签署了40个文件。著名画家齐白石有一"此日"连续作了5张画，其原因是："昨日天雨，情绪不佳，故今补之，不教一日虚度。"达尔文说过，"完成工作的方法是爱惜每一分钟"。

时间就是效率。对于每个人来说，时间都是公平的，不会因为年轻就多给一分，也不会因为年老就减少一秒。有生之年要有所创造，就不能虚度时间，就必须抓住每一个"此日"。学而敏，闲而废。人的一生其实很短，也很快，正如朱自清先生的文章写的那样："太阳他有脚啊，轻轻悄悄地挪移了；我也茫茫然跟着旋转。于是——洗手的时候，日子从水盆里过去；吃饭的时候，日子从饭碗里过去；默默时，便从凝然的双眼前过去。"❶ 当到老年的时候，要想"此身不败"，还必须"三省吾身"，时刻警惕以不虚度光阴。因为娱乐和休闲具有天然的诱惑，而学习和工作则是痛苦的过程。能抗拒诱惑，需要强大的动力；能自觉学习，需要远大的理想。陈毅元帅有诗曰："尤其难上难，锻炼品德纯。"苏联教育家马卡连柯说过："品行是一种复杂的成果，不仅是意识的成果，而且也是知识、力量、习惯、技能、适应、胆量、健康以及最重要的社会经验的成果。"❷ 由此可以看出，要想保持一生进取，晚年有成，必须有崇高的理想、远大的追求、渊博的知识和高尚的情操。

除少数极富天赋者外，一般人生下时的智商是相差无几的，孰聪明，孰愚钝，全靠后天的学习。"此生不学"，之所以"可

---

❶ 朱自清著：《朱自清作品精选》，长江文艺出版社，2019，第203页。

❷ 简林：《马卡连柯教育名篇》，漓江出版社，2011，第187页。

惜"，是因为他学不到知识，学不到技术，学不到科学，光靠个人极为有限的经验生活，视野狭仄，思维闭塞，是无法融入日新月异的时代潮流的，"落伍"便是那些"此生不学"者的最终归宿。此外，"此生不学"更为"可惜"的一方面是，他无法走近真理，以真理清心明志，弃恶扬善，使自己"永如青年有勃勃生气"（梁启超语）。柳比歇夫在《成功者的奥秘》中写道："人最宝贵的是生命，但是仔细分析一下这个生命，可以说最宝贵的是时间。因为生命是由时间构成的。"❶ 根据牛津英语语料库（2000年建立，所收词条 10 亿条以上）统计，当今人类最常用的前 100个名词中，"时间"居然名列首位——这是一个既惊人又精彩的伟大发现。

　　时间确实高于一切，正因为如此，"此日闲过"，便甚为"可惜"。那些虚掷自己时日的人，其实是在自耗生命；那些浪费他人时日的人，其实是在谋取他人的生命。鲁迅用喝咖啡的时间抓紧写作，陈景润以啃馒头省下用餐时间来演算"1＋1"，朱自清在洗手的时候，悟出"日子会从水盆里过去"的人生真谛，他们不愿一日"闲过"，体现了堂堂君子的惜时精神。任何人，包括那些运筹帷幄之中、决胜于千里之外的伟人，在他的人生履历中总会有失败的记录。失败，对君子而言，并不可怕、可悲、可耻。可怕的是因唯恐失败而碌碌无为，可悲的是失败之后没有总结教训而重蹈覆辙，可耻的是失败之后，百般虚饰美化，当作凯歌高唱。列宁曾将那些不怕失败，同时又能从失败中吸取教训以利日后实践的人称为"聪明人"。早在 20 世纪 60 年代，日本就创立了"失败学"，并设有失败资料库，各个行业各种类型的失败资料一应俱

---

❶〔俄〕达尼伊尔·格拉宁，李春雨译：《奇特的一生：柳比歇夫与他践行 56 年的时间统计法》，四川文艺出版社，2014，第 180 页。

全，供人借鉴。"败"乃是人生常事，关键是你怎样对待失败。大学问家梁漱溟先生对成功和失败有一句独到的见解："成功是巧，是天；失败在我，是自己。"❶ 一切失败，无论有多少客观因素，无论有多少别人的过失，总有一条是你自己的过失：没能克服那些不利于成功的因素。"失败在我"，是对人在追求成功过程中的一种鞭策。失败后一蹶不振，才是真正的"败"，此乃君子所"可惜"也。

君子重修行。包括儒家在内的中国传统文化，非常重视"内省不疚"与"反求诸己"这两种修行方式。所谓"内省不疚"，就是通过内心的省察，自我反省以后而觉得自己的言行都合乎道义，从而没有什么惭愧之感。儒家将这一修行方式作为君子必备的素养。《中庸》说："故君子内省不疚，无恶于志。君子之所不可及者，其唯人之所不见乎？"意思是说，所以君子内心省察没有不安，心志并无惭愧。

别人不可比及君子的原因，正是君子在这些别人看不到的地方也严格要求自己。《论语》记载："司马牛问君子，子曰：'君子不忧不惧。'曰：'不忧不惧，斯谓君子矣乎？'子曰：'内省不疚，夫何忧何惧？'"（《论语·颜渊》）在孔子看来，作为一个君子就要做到不忧愁，不恐惧。而面对弟子对此有些不确定的疑问，孔子又给出了理由。这个理由正是"内省不疚"，即只要做到自己问心无愧，那么就没什么可忧愁和恐惧的了。根据孔子和《中庸》的思想逻辑来说，当一个人真正做到了以仁爱对待别人，真正具备了勇敢之心，那么他一定会不忧不惧的。"知者不惑，仁者不

---

❶ 戴晴：《梁漱溟　王实味　储安平：现代中国知识分子群》，江苏文艺出版社，1989，第 320 页。

忧，勇者不惧"（《论语·子罕》），此之谓也。在《中庸》中"知仁勇"被称作"三达德"。

在儒家看来，君子做到了无愧于心，就无有忧惧，而无有忧惧乃是成就快乐人生的非常重要的条件之一。孟子所谓的"君子有三乐"，其中的一条是抬头无愧于天，低头无愧于人。"仰不愧于天，俯不怍于人，二乐也"（《孟子·尽心上》），此之谓也。

第四节　君子之孝

> 事亲者，居上不骄，为下不乱，在丑不争。居上而骄，则亡。为下而乱，则刑。在丑而争，则兵。三者不除，虽日用三牲之养，犹为不孝也。
>
> ——《孝经·纪孝行》❶

孝：汉语中常用的字，最早见于商代；从字形上看像一个孩子搀扶一个老人，本义是"尽心尽力地奉养父母"，后引申为"晚辈在尊长去世后要在一定时期内遵守的礼俗"，又引申指"孝服"。《说文解字》：善事父母者。从老，从子，子承老也。《礼记》：孝者，畜也。顺于道，不逆于伦，是之谓畜。《尔雅》：善父母为孝。《孝经左契》曰："元气混沌，孝在其中，天子孝，龙负图；庶人孝，林泽茂。"

中华民族的孝道观念源远流长，甲骨文中就已经出现了"孝"字，这也说明中华民族早在商代就已经有了"孝"的观念。《诗

---

❶　陈壁生：《孝经正义》，华东师范大学出版社，2022，第 78 页。

经》中也描述道："哀哀父母，生我劬劳。"孝道文化在我国最基本也是最直接的阐释中，是孝敬父母长辈，尊敬老人的优良文化传统，它也是从古至今，我国社会最基本的道德规范，是中华民族所尊奉的传统美德，孝道文化在我国具有很高的特殊地位，也有非常重要的社会作用，是我国文化中不可缺少的重要组成部分。

观察一个人身在高位能否持续成功，是看他有没有骄慢之心。当骄慢之心生起的时候，他的成功也就走到了尽头，"满招损，谦受益"，如果能继续保持谦卑好学、尊敬他人的心态，前程必然不可限量。"居上而骄"，因为骄慢一定会得罪很多人，对上得罪领导，对下伤害部下，平级的很多朋友可能远离他而去。此时他得到的帮助越来越少，祸患就快要来临了，上级可能会惩罚他，部下可能会背叛他，朋友远离他，所以说"居上而骄，则亡"。

中华民族的孝道文化博大精深、源远流长。西周时，主张敬天、孝祖、敬德、保民，重视尊老敬贤的教化，要求每个社会成员都恪守君臣、父子、长幼之道。在家庭要孝顺父母、至亲至爱；在社会要尊老敬老、选贤举能；在国家则忠于君王、报效朝廷。做到老有所养、老有所为。周代不仅倡导尊老敬贤的道德风尚，还要定期举行养老礼仪，规定"八十者，一子不从征；九十者，其家不从征"。即八十岁老人的家庭可有一子免服兵役和徭役，九十岁老人的家庭可全免服兵役和徭役，以便让其家人安心在家服侍老人，恪尽赡养老人的义务。

春秋战国时，在尊老敬老方面，已经形成比较完整的思想体系、伦理道德观念和基本的规范，以致中国人之重孝道，几乎成为区别于其他国家民族的最大特点。孔子在《孝经》中说："人之行，莫大于孝""夫孝，德之本也"。孔子认为，子女孝顺父母，是天经地义的法则，是人们应该身体力行的根本。《孝经》以孝为纲，历陈"五等之孝"，即天子之孝、诸侯之孝、卿大夫之孝、士之孝和庶民之孝。规定不同阶层的人要尽不同的孝道，这已成为两千多年来孝道文化的经典之一。天子之孝就是皇上要以爱敬之心对待自己的父母，那么道德教化就能施及人民，成为天下人的示范。诸侯之孝就要身居高位而不骄，谨守法度，这样才能保住财富与尊贵的地位，才能保护国家和人民。卿大夫之孝就是要说先代圣王礼法规定的言语、要做先代圣王礼法规定的事情。士之孝就要用对待父兄一般的敬重去侍奉君上，忠于职守，保住俸禄和职位，维持对先祖的祭祀。庶民之孝就是要以勤劳善良、勤俭节约来奉养父母。

自秦代后，历代朝廷也都注意从正面导向孝文化，官修正史中都设有《孝义传》，就是专为表彰孝子，让他们青史留名。汉王朝提倡"以孝治天下"，选拔官员也把"孝"作为一个基本标准。唐朝时，参加各类考试的人不必读五经，但《论语》《孝经》不能不读，这类似现代大学的"公共课"。到了宋代，儒学伦理得到较大的发展。清代的康熙、乾隆等有为之君也极力提倡孝道，经常举行"千叟宴"，颁诏"旌表百岁"，昭示其尊老敬贤的教化。从古到今，我国历代的法令都有类似的规定，凡需赡养老人者，官府可以减免其徭役和赋税，有罪者可以减轻其刑罚；同时都把"不孝"定为十恶大罪之一，不肯赡养甚至辱骂殴打父母或祖父母者，都要被官府严厉处治，甚至处以绞刑和腰斩。

居下，可以说天下所有人都有居下的属性，就是天子也有父母和兄长。下级相对上级为居下，儿女相对父母为居下，学生相对老师为居下。居下者关键是要做到恭谨，恭是恭敬，谨是谨慎，敬为敬畏，慎为克己。在《论语》中，"子曰：'君子有三畏：畏天命，畏大人，畏圣人之言。'"所谓畏天命，可理解为敬畏信仰，敬畏自然规律。信仰，是人的精神支柱，拥有信仰的人会十分明确自己的人生方向和价值追求，也使得他们无论面临任何挫折和困境，都会百折不挠，不言放弃。可以说，信仰确立了个体的人生意义和价值标准，也成为个体毅然前行的巨大动力。反之，信仰的缺失将使人生变得迷惘彷徨，了无生趣。自然规律，是指存在于自然界的客观事物内部的规律，其具有不以人的意志为转移的客观性，人对于自然规律只能利用，不能改变，更不能创造，顺者昌，逆者亡。

所谓畏大人，可理解为敬畏法规制度，敬畏上级组织；不仅要心存敬畏，行有所止，为人做事有底线，有所为，有所不为；而且常怀敬畏之心，戒惧之意，自觉接受纪律和法律的约束，不能有丝毫侥幸心理去触碰法规禁忌；对待上级，还要如履薄冰地侍奉，不能"上有政策，下有对策"，口是心非，阳奉阴违，更不可存有逆反之心。

所谓畏圣人之言，可理解为敬畏社会公德，克己修身。因为圣人的教导都是本性本善的行为规范和处理人伦关系的行为准则，如果无视或否定圣人的教化，人心就无所依从，就会引发社会动荡不安。要警惕失德失范，要"勿以恶小而为之，勿以善小而不为"，否则就会"德有伤，贻亲羞"。要努力克己修身，"凡出言，信为先，诈与妄，奚可焉"，要话到嘴边想三想，做事三思而后行。正如明代思想家方孝孺所言："凡善怕者，必身有所正，言有所规，行有所止，偶有逾矩，亦不出大格。"❶ 否则就谓之为"居下者乱"，为下而乱"则刑"，刑就是处罚，如身在机关团体，会受到政纪惩处，如身在企业，会受到企业制度的责罚，如触犯了

---

❶ 吴林著：《方孝孺》，陕西师范大学出版社，2017，第95页。

法律，就会到受到法律的制裁。

中国传统孝道文化是一个复合概念，内容丰富、涉及面广，既有文化理念，又有制度礼仪。主要包含敬亲、奉养、侍疾、立身、谏诤、善终等六个方面。一是敬亲，就是对父母要有"敬""爱"之心，孔子曰："今之孝者，是谓能养。至于犬马，皆能有养，不敬，何以别乎？"就是说，对待父母不仅仅是物质供养，关键要对父母有爱心，而且这种爱心是发自内心的真挚的爱。没有这种爱，不仅谈不上对父母孝敬，而且和饲养犬马没有什么两样。二是奉养，即赡养父母，"生则养"这是孝敬父母的最低要求。如果有好吃的，要让老人先吃，孝道强调老年父母在物质生活上的优先性。三是侍疾，就是如果老年父母生病，要及时诊治、精心照料，多给父母生活和精神上的关怀，使父母的身体尽快康复。四是立身，就是做子女的要成就一番事业，儿女事业上有了成就，父母就会感到高兴、自豪。如果终日无所事事，一生庸庸碌碌，这也是对父母的不孝。五是谏诤，就是劝导，《孝经》指出："父有争子，则身不陷于不义。故当不义，则子不可以不争于父。"也就是说，在父母有不义之举的时候，儿女不仅不能顺从，而且应谏诤父母，使其改正不义，这样可以防止父母陷于不仁不义之中。六是善终，就是在父母丧礼时要尽各种礼仪，儒家的孝道把送葬看得很重，这也是在中国独特的历史文化的影响下产生的。

第五节　君子之修

子曰："君子安其身而后动，易其心而后语，定其交而后求。君子修此三者，故全也。危以动，则民不与也；惧以语，则民不应也；无交而求，则民不与也；莫之与，则伤之者至矣。"

——《易传·系辞下》

修：修字形体最早见于《说文》小篆，但其初形则是攸字。攸，既是声旁也是形旁，是"悠"的省略，表示缓慢、从容。《说文解字》：修，饰也。从彡，攸声。作动词用的修，很好理解，主要是"建造、建设、兴建、修理"等义，也作"学习、锻炼、培养"之义，见《国语·晋语》：修武之德。作形容词用多指"美好、善良"，《兰亭集序》：此地有崇山峻岭，茂林修竹；《思玄赋》：伊中情之信修兮。

孔子说，君子首先要安顿好自己存身之处然后再参与社会活动，要首先具有谦逊平和的心态然后再与人进行言语交流，要首先确定与人有了交情然后再去求于人，君子能遵循这三条原则，如此就完美了。自己存身之处不稳定就要参与社会活动，那么民众不会与你结成同盟；互相仍存有戒惧之心时就同其进行语言交流，那么民众不会正面应和；没有一定交情就求于人，那么民众不会给予帮助；没有人给予帮助，那么伤害他的人就到了。

孔子的伟大在于，他一生都在讲述人与人之间的关系，讲述一个人如何才能既成就自己又造福他人。《周易·系辞》中，关于君子的论述非常之多，比如"君子以厚德载物""君子以自强不息""君子以惩忿窒欲""君子以遏恶扬善，顺天休命"，等等，但是最明确有标准的君子之论，就是上面这三句话。

"君子安其身而后动"的意思是说，君子要先安定了自己，才能有所行动，不可以在自身陷于危机的时候贸然行动，这样不但自己得不到保全，还会给他人带来伤害。所谓"安身才能立命"，自身不得安定，就着急去做一番事业，这是无法成功的。

"君子安其身而后动"，我们生而为人，首要的问题，是身心先要得安，安其身也就是安其心。《大学》里面讲修学步骤："知止而后能定，定而后能静，静而后能安，安而后能虑，虑而后能得。"这个"安"是处在中间的枢纽地带。只有心安了以后，你才能够虑，才能考虑去做事情并有所成就；而前面的"知止""定""静"，都是为"安"而提出的，目的还是心安。一个人要真正做到心安，确实非常不容易。我们看《论语》里面，孔子的弟子之中，真正做到心安的，还是只有颜回而已。"一箪食，一瓢饮，在陋巷。人不堪其忧，回也不改其乐"，在那么恶劣的环境之下，吃了上顿没下顿，住的是贫民窟，其他人都很为他担忧难过，但颜回自己很快乐，这就是心安的一个表现。颜回是孔门"七十二贤人"之首，其实别无长处，就是心安而已。

儒家的全套学问，无非就是"修己治人"四字而已。修己，修养自己的内在道德；治人，就是为人民服务，调理社会人伦。你能够心安，那说明你在修己方面，已经基本达标了，剩下的就是去服务社会、服务大众。"君子安其身而后动"，你要想做事情建功立业的话，自己修养心性，安养身心，这是一个基本前提。

"易其心而后语"的意思是，说话前，要先进行换位思考，再开口。一个处处替自己考虑的人，必定是不受大家欢迎的。如果你是君主，处处替自己考虑，那么，老百姓心里也不会真的服从你。这就是孔子说的，"惧以语，则民不应也。"意思就是：总是用恐吓的方式发布命令，这种政令是没有人响应的。"易其心而后语"，易，就是交易，人与人之间相处，你能不能够交易其心，这是一个关键。

我们中的大多数人与人相处，估计都交不出心来，或者只能交出一小部分。为什么呢？因为我们有隐私杂念，不愿意别人看到。不能易其心，我们与人交往，跟人说话，效果就要打折扣。孔子说"君子坦荡荡，小人长戚戚"，我们心怀坦荡，清楚透明，一览无余，那就能够与人交心易心，其语言举止就会很有分量，为人也会很有亲和力。如果怀揣一个戚戚小人的心态，成天小肚鸡肠，尽打的是自私自利的小算盘，生怕别人看破他的心思，这怎么可能交心易心啊！你不能将心比心，以心换心，那别人对你也会处处设防，不敢真正相信你、信任你。

"定其交而后求"，不管人际交往、团体交往、国际交往，这都是不能违背的基本原则。胡雪岩有句话叫："前半夜想想自己，后半夜想想别人。"这是胡雪岩老辣的人情世故的完美写照，胡雪岩可以说真心领悟了"易其心而后语"的智慧。"定其交而后求"的意思是，先要与人确定交情了，才能求对方办事。只有这样的求告，才能有求必应。对于普通人来说，其实就是，要先付出自己的真心，得到别人的认可以后，自然就有求必应了。

就拿借钱来说，我们在大街上，随便拉一个人寻求别人的帮助，不但得不到帮助，很可能被当作精神残疾者，但是，有交情的亲戚朋友大多数都会或多或少地帮你。所以，孔子又说，"无交而求，则民不与也"。作为一个君王，如果你曾经的政令没有给百姓带来好处，百姓怎么愿意给你交租呢？

《周易·系辞》还有一段话讲到说好话的重要性："君子居其室，出其言善，则千里之外应之，况其迩者乎？居其室，出其言不善，则千里之外违之，况其迩者乎？言出乎身，加乎民；行发乎迩，见乎远。言行，君子之枢机，枢机之发，荣辱之主也。言行，君子之所以动天地也，可不慎乎？"

君子在自己家里，讲的话充满善意，那么在千里之外也会引起人们的共鸣，如果讲的话充满恶意，那么在千里之外也会引起人们的反感。话从自己口里讲出来，周围的人都会听到，近处做的事情，远处的人都会看见。言行是决定君子荣辱的枢机关键，一言一行都是君子撼动天地的力量，怎么能够不慎重呢？

"君子修此三者，故全也"，所谓君子修养的全套功夫，就在这三点上。首先是身安，身安即心安，这是你的内在修养。接着是易心，你内在的修养要显示出来，拿给大家看，大家才相信你，你才能够普度众生，兼济天下。最后你由内而外，建立起稳定的社会关系，是为定交。有了这个前提，大家才能够互相帮助，整个世界才会和谐共存。

所以，有了这三个方面的功夫，君子的德行修养才算完美。君子所修不外乎三个方面"安其身而后动，易其心而后语，定其交而后求"。那么"身安""易心""定交"这些，都要有恒心才行，要有恒定、稳定的修为才行。身安，如果你今天身安而明天身不安，那你就免谈；易心，你今天对人能够坦坦荡荡，以心换心，但明天你又掖着藏着。你要跟人交往同样如此，要"定交"，不能一下子跟对方好得很，一下又翻脸不认人，交往不能恒定的话，那就没人愿意理你。总之，所有这些修养，都要从恒定、稳定的角度来考虑。

第六章

君子的博学于文

第一节　君子之学

君子之学也，入乎耳，箸乎心，布乎四体，形乎动静。端而言，蠕而动，一可以为法则。小人之学也，入乎耳，出乎口。口耳之间则四寸耳，曷足以美七尺之躯哉？古之学者为己，今之学者为人。君子之学也，以美其身；小人之学也，以为禽犊。故不问而告谓之傲；问一而告二，谓之嘴。傲，非也；嘴，非也，君子如响矣。（箸：同"著"，布：表现，端：同"喘"，蠕：是细微的行动或者动作，嘴：言语繁碎。）

——《荀子·劝学》

学：有两个音，jiào 和 xué，最早见于甲骨文，本义是"对孩子进行启蒙教育使之觉悟"，《说文解字》里指"觉悟也"。从学的繁体字来看，是会意字。上部是"两只手朝下的形状"，两只手中间是

"爻"，表示变化无穷的知识；下部是一间房子的侧视图形，后来随着字形的演化，房子里增加了"子"，表示学习知识的孩子。由此，孩子们学习知识的场所就是"学校"。学（jiào），四声，作"教"解。《广雅·训诂四》：学，教也。学（xué），二声，作"接受教育"义，《玉篇·子部》：学，受教也。作"效仿、效法"之义，《墨子·贵义》：贫家而学富家之衣食多用，则速亡必矣。亦泛指"知识"，《墨子·修身》：士虽有学，而行为本焉。

　　君子求学问，牢记在心，表现在行为，体现在举止：说话语意精微，举止文雅，都可以让人当作榜样。小人求学问，从耳朵进去，从口中出来，口耳之间不过四寸的间距罢了，怎么能使自己的七尺之躯具有良好的品德呢？古时求学的人是为修养自己的品德，现在求学的人是为取悦于他人。君子求学问，是为了使自己具有美好的品德；小人求学问，是为了取悦于人，为了自己的面子。所以说别人没有问就告诉别人叫作心浮气躁，别人问了一个方面而回答了两个方面叫作唠叨。心浮气躁是不对的；唠叨是不对的；君子回答向自己请问学业的人，如声音之回响，问一答一。

　　这里是通过对比的方式来论述了君子与小人学习的区别，好的学习方法、好的学习态度、好的学习目的。君子的学习是入耳、入心、贯通全身；而小人的学习则是左耳朵进右耳朵出；君子的学习态度是谦虚、恭敬、认真，而小人则是傲慢、轻浮、马虎的；同时也指出了君子与小人的学习目的的差别，君子通过学习来增长见识、丰富阅历、提高内涵，小人的学习是当成炫耀的资本和手段。两下对比，可以知道君子的学习是没有功利性，不慕虚名的，是扎扎实实的，而小人的学习就停留在表面，并且难以持久。就像《诗经》中说的那样："嗟尔君子，无恒安息。靖共尔位，好是正直。神之听之，介尔景福。"神莫大于化道，福莫长于无祸。

高下对比，自然就可以看出学习效果和学习风格，君子之风在学习上也是展现得那么成熟稳重、认真负责、谦虚谨慎。

好的学风非常重要，在当下这个知识更新瞬息万变的时代，学习是非常重要的。中国古代士人非常重视学习，"不学习，不知道""学不可以已""学而时习之"等都用于说明学习的重要性。孔子自己也说："吾十有五而志于学，三十而立，四十而不惑，五十而知天命，六十而耳顺，七十而从心所欲不逾矩。"❶ 在中国古代社会，学习是打破阶级壁垒的一个重要工具，即"学而优则仕"，通过学习改变命运。当今时代是知识爆炸的时代，读书学习不仅用来改变命运还是生活的必需，缺乏知识和学习简直无法生存，从没有一个时代像今天这么依赖学习。学习已经成为一种生活方式，成为生活的内容。所以再也不要把学习当成炫耀，而应只是当作必要。

子曰："君子食无求饱，居无求安，敏于事而慎于言，就有道而正焉。可谓好学也已。"（《论语·学而篇》）

食求饱，居求安，从某个层面看，并不是坏事，它们是人正常的生理欲求，但孔子在这里所提倡的食无求饱，居无求安仍然有值得肯定的价值。正如巴金先生说的"人不单是靠吃米活着"，我们不能仅有满足肉体欲望的物质追求，心灵应有更高的追求：那就是追求知识，追求自由，追求真、善、美。在"生活"与"学习"的关系问题上，孔子认为：不能两全。原因是：一个贪图饱食终日和生活安逸的人，是不可能潜心刻苦学习、钻研学问的；相反，一个致力于刻苦学习、钻研学问的人，是不会有时间和精力过多顾及饮食是否满足、生活是否安逸的。

---

❶ （春秋）孔子著，（南宋）朱熹集注：《论语集注》，金城出版社，2023，第231页。

联系到当下的情形，学校里太过注重穿着打扮、贪恋美食和沉溺玩乐的学生，学习成绩多不尽人意；而学习成绩特别好的学生，往往都生活俭朴，耐得住寂寞，经得起社会的诱惑。需明白不同时期、不同阶段的目标和重点不同，学生时代，自然是学习的最佳时期，学好知识是这一阶段的目标和重点，因此，用于生活上的精力和对于生活上的要求可以少一点。

"敏于事慎于言"，微言大义，两千多年过去了，这句话仍然有着深刻的现实意义。达尔文说"能够生存下来的物种，不是那些最强壮的，也不是那些最聪明的，而是那些对变化作出快速反应的"，一切责任一切应该做的事要敏捷——马上做，因为没有行动，一切言词都是空洞的。成功的路有千万条，但是有一条路是每一个成才的人的必经之路，这就是行动，行动胜于一切，今天的事今天做，就要立即行动，凡事推到明天，只会明日复明日，万事成蹉跎。记住只有今天才是我们生命唯一可以把握的一天，只有今天才是我们可以用来超越对手实现目标的一天，与其"临渊羡鱼，不如退而结网"。

君子做人，总是行动在人之前，语言在人之后。沉默是金想必就是源于此吧。谚语说："语言的伤害比刺刀的伤害更可怕。"谨慎地发表言论是每一个有为青年、有识之士时刻放在心上的做人准则。那些聪明和懂得自我克制的人总是避免口无遮拦、直言无忌，绝不以伤人感情为代价而逞一时口舌之快。所以，在言语文明的前提下，为修身，为学习，尤其要做到：言必信，行必果。言而有信，行为坚决果断。

《论语》中与"敏于事而慎于言"要义相近的还有"君子欲讷于言，而敏于行"。又记起了著名的教育家陶行知，行知，这两个字就道尽了人生的真意义。

"就有道而正焉",即主动向有操守的人学习,改正自己的错误。子曰:"人非圣贤,孰能无过;过而能改,善莫大焉。"今人在成长学习与工作的过程中,难免有这样那样的失误,但对自己负责的人是不允许自己在同一个地方跌倒两次的。我们要善于学习,勇于改过。向先贤圣哲学习,向良师益友学习,向身边每一位勤奋学习、遵规守纪、关心他人的"君子"学习,不断修正自己,提高自己的学识水平、道德修养。那时,就像太阳每天都是新的一样,每一天的你也是新的。那时,你会真切地感受到成长与学习的快乐,收获内心真正的幸福。

《论语》中孔子曾几次盛赞颜回,子曰:"贤哉,回也!一箪食,一瓢饮,在陋巷,人不堪其忧,回也不改其乐。贤哉,回也!""有颜回者好学,不迁怒,不二过。不幸短命死矣,今也则无,未闻好学者也。"无疑,颜回的安贫乐道、不迁怒、不二过是对孔子提倡的君子好学之道的最有力的践行。高山仰止,景行行止,虽不能至,心向往之。

志在"道"是君子的人生目标。"志于道"要求的是君子要始终将人生的目标定在"道"上,它可通过不同的方式来达到这一点,例如要遵循于道,尊崇于道,坚守于道,谋求于道,担忧于道。也就是说,上面这些对道的态度乃是儒家对君子之德性的首要要求。孟子说"君子之志于道也,不成章不达"(《孟子·尽心上》),意思是说,君子的有志于道,没有一定的成就,也就不能通达。立道是成就一切的前提条件。

《中庸》说:"君子遵道而行,半途而废,吾弗能已矣。"意思是说,君子应遵循着道而一往前进,而不能半途而废。又说"尊德性而道问学",意思是说,君子尊崇德性,又注重询问、学习。孔子说"笃信好学,死守善道"(《论语·泰伯》),意思是说,坚定相信道，努力学习道，誓死保护道。孔子说"君子谋道而不谋食……君子忧道不忧贫"（《论语·卫灵公》），意思是说，君子用心来谋求道，不用心去谋求吃穿的东西。君子只担忧道不能得，而不担忧贫穷。

第二节　君子之义

君子以义为上。君子有勇而无义为乱，小人有勇而无义为盗。

——《论语·阳货》

义之所在，不倾于权，不顾其利，举国而与之不为改视，重死持义而不挠，是士君子之勇也。

——《荀子·荣辱》

生，亦我所欲也；义，亦我所欲也，二者不可得兼，舍生而取义者也。

——《孟子·告子上》

君子之于天下也，无适也，无莫也，义之与比。

——《论语·里仁》

义在中国传统道德文化中占有重要地位，"义"作为五常（仁、义、礼、智、信）八德（孝、悌、忠、信、礼、义、廉、耻）四维（礼、义、廉、耻）之一，常常与"仁"并用，"仁义"不仅是君子必备，也是普通大众所应具备的做人之质。义本来写作"義"，上半部分是"羊"，而"羊"在中国古代祭祀礼仪中，是重要的献祭品，具有很高的政治地位；同时羊在生活中也受到很好的礼遇，因为羊的性格和价值受到社会大众的欢迎，因此

"羊"被作为"上"和"善"的象征。

"義"的下半部分是"我","我"本来是指一只有棱有角、还具有锯齿状的刀刃的兵器，后来指"自己"。因而，由上部分"羊"和下部分"我"构成的"義"，就内含了像"羊"一样具有"在上"和"为善"的价值追求，而且从"我"做起；也可以这样理解，"我"要向"羊"一样"为善"。于是就把一个人做好事、做善事，为之牺牲、付出的精神称作"義"。也可以从象形字的本身去理解这个"義"，在甲骨文中"義"被看作献祭时奉上"羊"以及手握仪仗"我"的士兵或武士，因此"義"的含义就是威仪、礼仪，进而延伸为行为的标准和规范，具有示范和模仿的作用，所以在古汉语中"仪"与"义"相通。

"义"是中华民族的传统美德，又是中国道德哲学的基础，关于义的原初概念，随着时代的不断发展，内涵不断丰富，具体包括以下几种：观点一，义，就是适宜。《礼记·中庸》记载："义者，宜也。"这种观点很受推崇，为大多数人所认可和接受，"义者宜也，尊卑各有其礼，上下乃得其义。"观点二，义，就是杀，持这种观点的学者很少，代表人物是庞朴先生，他从甲骨文和金文进行考证，得出义是"杀"的观点，是祭名的一种。观点三，义是仪仗、仪式，认为"义"通"仪"。

在孔子道德哲学的核心范畴中，"义"的概念最为模糊，而且孔子通常把"仁"和"义"并列在一起使用，"仁"是孔子思想的核心。"仁"是爱，"义"是利，从两个方面对个人的道德进行规范，对他人要有爱，取利要有义。孔子将"义"视为君子应对天下之至当的道德、行为准则。"义"是道德实践的范畴，"仁"是其内在的道德依据。孔子论君子人格，强调了"义"对理想人格实现的现实意义，"见善如不及，见不善如探汤。吾见其人矣，吾闻其语也。隐居以求其志，行义以达其道，吾闻其语也，未见其人也"（《论语·季氏》），"未见其人"说明能严格坚守"义"的人，的确很少，很难。

孔子关于"义"的思想是把"仁"的思想用实践的方式来体现出来，如果用简单的话语来理解就是——"仁"是一种关爱、情感，那么"义"就是行动、行为，因此"义"要比"仁"更具象更实际，也更难，也就是"知易行难"。比如说，心里想着关爱人民，体恤他人，但是实际做起来确实难上加难，"说起来容易做起来难"。

在孔子的君子人格思想中，"义"是至高的行为准则，严格的行为规范。"君子义以为质，礼以行之，逊以出之，信以成之，君子哉！""义以为质，谓操行也；逊以出之，谓言语也。"因此"义"的本身也成为一种具有道德价值的内在品质。如孔子在《论语·颜渊》中论崇德："主忠信、徙义，崇德也。"就是说依"义"而行是对德性的尊崇与追求，赋予了"义"正面的道德价值。

孔子关于"义"的思想是对老子"义"思想的继承和发展，在老子看来，"义"是大道废除之后用来治理恶的手段和实践行为，"大道废，有仁义"，正常的社会治理和秩序废除之后，才有仁义的道德产生；在大道盛行的时候，忠孝礼仪都有，上下尊卑秩序都完备，不需要仁义，一旦大道颠覆，各种丑恶混乱开始出现，需要于个人道德上坚守仁义，以塑民风。

"义"并非从道而来，而是由"我"而生，突出了"义"的主体性，也是"义"对社会个体的一种行为希望和寄托，因而带有一定的理想性。由于"义"是社会个体自我的行为规范，但是实践起来受到社会外界诱惑，所以很难完全践行"义利观"，就出现了"未见其人也"的现象。老子就对"义"的道德虚弱和理想寄托不抱有太大的希望，因而退回到大道无为的状态中，"绝圣弃智，民利百倍；绝仁弃义，民复孝慈；绝巧弃利，盗贼无有。此三者以为文不足。故令有所属：见素抱朴，少私寡欲。"❶

孟子是孔子之后儒家思想的代表人物，对儒家仁义思想进行大发展的孟子把"义"定位为道德四端之一，"恻隐之心，仁之端也；羞恶之心，义之端也；辞让之心，礼之端也；是非之心，智之端也"（《孟子·公孙丑上》），这四端之中，仁义最重要。孟子的"义"论，首先是从亲亲推演出来的尊君敬长，是孔子君臣之义的承接和延续。孟子曰："父子有亲，君臣有义。""义之于君臣，命也。"还有，"义者宜也，尊贤为大。""亲亲，仁也；敬长，义也。"从孟子关于"义"的论述中，可以看出君臣等级以及宗亲血缘之间的尊敬是"义"的生发之地，这也是各种"义"的发端之处。而要行"义"，则必须有羞耻之心，即要求道德上情感上的维护和自尊自爱，然后才能促使本人去关爱尊重他人。

其次，尊贤礼下。"用下敬上，谓之贵贵；用上敬下谓之尊贤，贵贵尊尊，其义也。"这里强调了上对下的尊贤礼下，也是道义；与上面不同的是，下对上的尊重和敬重是道义，上对下的尊重和礼遇也是道义，孟子的平等思想由此而出。由此可见君子之义已经扩延到君臣等级、血缘宗亲之外的庶民士子，带有"泛爱众，而亲民"的含义。

再次，人性的规范标准以及由此延伸出的处世待物之道。"性，犹杞柳也，义，犹桮棬也。以人性为仁义，犹以杞柳为桮棬。"人的本性是"义"的规范和根源，合乎人性的、适宜正当的规范的就是"义"，"非其有而取之，非义也"。孟子又进一步举例

---

❶ （春秋）老子著，张景、张松辉译注：《道德经》，中华书局，2022，第160页。

说明，何为不义之举。"今有其人日攘其邻之鸡者，或告之曰：是非君子之道。曰，请损之。月攘一鸡，以待来年而后已。如知其非义，斯速已矣，何待来年？"❶ 偷鸡这个行为就是"不义"，可见保护私有财产，不非法获利，是正义的，"君子重义轻利"就是这个意思。

君子之义依于仁，内仁外义，仁义并重。

仁义密不可分，仁是基础，也是前提。没有仁，义不可持续；缺少仁，义不能真实。从孔子关于仁义的原初论述来考究，仁是上对下，是君主对臣民的一种关爱和厚待，仁在先，仁是爱；义是下对上，是臣民对君主的回赠和反哺，义在后，义是利。后来仁义的思想不断发展推演，推而广之使仁义两字不带有等级和付出与回报的双向关系，而只限于个人内心道德取向和追求，更具有道德和精神丰碑的象征意义。孔子把人世间原初的伦理等级差序关系称为"义"，把尊亲爱民、克己复礼统称为"仁"。

孔子的仁义思想带有强烈的政治色彩和等级观念，这与孔子所处的社会地位和时代密不可分，也与孔子的政治理想联系在一起，孔子孜孜以求的就是君臣等级分明，各安其分。孔子之后，儒家思想不断发展，把"仁"视作一种内在的善，源于自我的修炼，本真于心，纯正无邪；把"义"看成自觉的个人情感和行为规范加以限制，处于天道规则和自控心理之下，强调引证动机和落实责任。"君子之于天下也，无适也，无莫也，义之与比。"以"义"为准绳，以"义"为根本，这个"义"建立在"仁"的基础上。

君子之义适于礼，以礼达义，礼义双行。

礼是中国传统社会的行为规范，也是道德要求。"礼"侧重具

---

❶ 杨伯峻译注：《孟子译注》，中华书局，2018，第 138 页。

体的行为方式，是可见可知的明确要求，是外在客体施加于个体的行为，就社会个体而言是被动行为；而"义"侧重的价值观和情感态度的道义取向，满足人们自觉提升道德操守的需要，是社会个体的自发行为。义既可以看作礼的约束结果，也可以丰富礼的内容。

儒家试图用"礼"来规范人们的行为、构建道德标准，提升政治治理，告诫人们要"克己复礼"，主张将礼渗透社会交往和政治统治的多个层次与各种领域，礼是中国传统社会政治秩序的纲领，也是社会管理和文化思想的灵魂，后来逐渐演变发展成"理"，事物之理。"恭而无礼则劳，慎而无礼则葸，勇而无礼则乱，直而无礼则绞。君子笃于亲，则民兴于仁；故旧不遗，则民不偷。"礼是外在的规范制度，礼的目的是维护和实现仁，而仁能否实现，礼能否得到施行，一方面取决于礼的适用性，另一方面取决于义的广度和深度。君子如果能做到"无终食之间违仁，造次必于是，颠沛必于是"的义，那么礼就得到了遵守，仁就获得了实现。"义"是礼的来源和基础，"义"高于礼，"义"是自觉和内化的行为，"礼"是被动和外化的规范。

传统君子之义，有其合理性，因此具有生命力。与时俱进，创新发展，把君子之义与当今社会结合起来，发扬君子人格，弘扬传统文化，提升社会道德文明，正是时代所需。

第三节　君子之艺

艺：古字写作"埶"，"埶"始见于商代，其古字形像一个人双手持草木，表示种植。"艺（藝）"是在"埶"的基础上繁化而成的。种植草木是一门技术，所以，"艺"又引申为"才能、技能"等义。同时，所谓的有"技能"从根本上说就是掌握了做某事的尺度或标准。所以，"艺"又可引申为"准则、极限"。另外，一定的技艺，如果能达到出神入化的地步，都会给人以艺术性的享受，故"艺"有"艺术"之意。《说文解字》：种也。从坴、丮。持亟种之。作"种植"，《尚书·禹贡》：淮沂其乂，蒙羽其艺。作"技艺、才能"，《尚书·金縢》：予仁若考，能多才多艺，能事鬼神。《论语·子罕》：吾不试，故艺。作"准则、限度"，《左传·昭公二十年》：布常无艺，征敛无度。

在中国古代，学生除了要学习四书五经等基本著作，礼、乐、射、御、书、数这六艺也是古代君子的必修课，其内容包括五礼、六乐、五射、五御、六书、九数。关于六艺教育的实施，是根据学生年龄大小和课程深浅，循序进行的，并且有小艺和大艺之分。书、数为小艺，系初级课程；礼、乐、射、御为大艺，系高级课程。

（一）何谓"礼"

礼者，不学"礼"无以立，《管子·牧民》所谓"仓廪实则知礼节，衣食足则知荣辱"，❶ 民间婚丧、嫁娶、入学、拜师、祭祀自古都有礼乐之官（司礼），孔子上代屡为司礼之官，孔子少即习礼，"为儿嬉戏，常陈俎豆，设礼容"（《史记·孔子世家》），在国家宗庙祭祀方面，古代官方常设太常寺、祠祭署等礼仪衙曹，设立读祝官、赞礼郎、祀丞等礼仪官。如唐代设立有郊社、太乐、鼓吹、太医、太卜、廪牺六个部门，明代则设置太常司，太常司

---

❶ 陈鼓应：《管子四篇诠释》，商务印书馆，2016，第 350 页。

设卿，少卿，丞，典簿、协律郎、博士，赞礼郎。

五礼即："吉"礼，用于祭祀；"凶"礼，用于丧葬；"军"礼，用于田猎和军事；"宾"礼，用于朝见或诸侯之间的往来；"嘉"礼，用于宴会和庆贺。

吉礼是五礼之冠，主要是对天神、地祇、人鬼的祭祀典礼。主要内容有：一，祀天神：昊天上帝；祀日月星辰；祀司中、司命、雨师。二，祭地祇：祭社稷、五帝、五岳；祭山林川泽；祭四方百物，即诸小神。三，祭人鬼：祭先王、先祖；禘祭先王、先祖；春祠、秋尝、享祭先王、先祖。

凶礼是对各种不幸事件进行悼念、慰问方面的礼节仪式，包括丧礼、荒礼、吊礼、禬礼、恤礼五者。

军礼，是指军队里的操练、征伐的行为规范，有大师之礼、大均之礼、大田之礼、大役之礼、大封之礼等。

宾礼用于朝聘会同，是天子款待来朝会的四方诸侯和诸侯派遣使臣向天子问安的礼节仪式。

嘉礼是饮宴婚冠、节庆活动方面的礼节仪式。嘉礼是和合人际关系、沟通、联络感情的礼仪。嘉礼主要内容有：饮食之礼；婚、冠之礼；宾射之礼；飨燕之礼；脤膰之礼；贺庆之礼。

（二）何谓"乐"

有"礼"则必有庆贺燕飨之"乐"，有庆贺燕飨之乐则必有五音（宫商角徵羽）伴奏，古代政府设立掌管音乐的官吏，并负责宫中庆贺燕飨之乐。历史记载孔子主要有三位老师，相传曾"问礼于老聃，学乐于苌弘，学琴于师襄"。师襄，春秋时期鲁国著名乐官，孔子的老师之一，孔子曾向他学习弹琴。《史记》里说他"以击磬为官，然能于琴"。唐代的梨园则设立乐官，由梨园教坊使、梨园使、梨园判官、梨园供奉官、都都知与都知组成。现代音乐则早已发展为一种文化产业。

六乐即："云门""大咸""大韶""大夏""大濩""大武"等古乐名。

音乐具有教化、认知、审美及娱乐等功能。其中最主要的，则是教化。所谓教化，即是对美好心灵品质的培育与提升。心灵的本性应该是从善、从美的，教化的目的就是要使人弃恶从善，使人的心灵从丑恶的边缘回归到真善美。

音乐作为人类创造的灿烂文化之一，以其揭示人类生存状态和精神世界的特殊而又巨大的功能，已成为人类心灵世界的一个伊甸园，也成为实现人类自身价值的途径。《礼记·乐记》云："清明象天，广大象地，终始象四时，周旋象风雨，五色成文而不乱，八风从律而不奸，百度得数而有常。大小相成，终始相生，倡和清浊，迭相为径。故乐行而伦清，耳目聪明，血气和平，移风易俗，天下皆宁。"

（三）何谓"射"

射，乃中国古代六艺之一，孔子在《论语》中说过："君子无所争，必也射乎，揖躟而升，下而饮，其争也君子。"因此，"射"不但是杀敌卫国的技术，更是一种修身养性的体育活动。中国古代的"射艺"包含两个主要运动：射箭和弹弓，春秋时期还发明了弩。其中射箭由于在军事和狩猎活动中具有非常重要的作用，因此在历史上更受人们的重视。考古工作者在山西峙峪人文化遗址，曾经发现了一件距今两万八千年的石箭头，这表明当时人类已经开始使用弓箭。唐代武则天设立了武举制度，在武举制度里规定了九项选拔和考核人才的标准，其中五项是射箭，包括长踪、马射、步射、平射和筒射等。如今的"射"艺，其实应该综容古今，包含现代的手枪、步枪等实弹射击运动，也应该包括古代的射箭和弹弓、射弩。

五射即"白矢""参连""剡注""襄尺""井仪"。白矢即箭穿过鹄的，要用力适当，恰中目标，刚刚露出白色箭头。参连即先发一矢，后三矢连续而去，矢矢中的，看上去像是一根箭。剡注即箭射出，箭尾高箭头低，徐徐行进的样子。襄尺的襄读"让"，臣与君射，臣不与君并立，应退让一尺。井仪即连中四矢，射在鹄上的位置，要上下左右排列像个井字。

（四）何谓"御"

御，就是驾驶，但是无论在现代还是古代，都包含交通工具的"驾驶学"和政治、领导、管理学领域的"驾驭学"。中国古代著名的案例包括"赵襄王学御于王子期"和"田忌赛马"，这说明，驾驭之术不仅仅是一种斗勇，更是一种斗智，包含对某一问题在运筹学、驾驭学、领导学方面的综合最优化。

五御即驾车的技巧，包括："鸣和鸾""逐水曲""过君表""舞交衢""逐禽左"。"鸾""和"都是车上的铃铛，车走动时，挂在车上的铃铛要响得谐调。"逐水曲"即驾车经过曲折的水道不致坠入水中。"过君表"即驾车要能通过竖立的标杆中间的空隙而不碰倒标杆。"舞交衢"即驾车在交道上旋转时，要合乎节拍，有如舞蹈。"逐禽左"即在田猎追逐野兽时，要把猎物驱向左边，以便坐在车左边的主人射击。

（五）何谓"书"

书，顾名思义，书画艺术，把书画算作一种技艺就错了，中国的书画不仅是一种高雅技艺，更是一种修心养性的工具和法宝，很多官僚寄情于书画，不仅仅是锻炼技艺，醉翁之意不在酒，这里不妨留出想象空间，给读者三思吧。

《汉书》首先谈到"六书"的具体名称："古者八岁入小学，故周官保氏掌管国子，教之六书，象形、象事、象意、象声、转注、假借，造字之本也。"

六艺中的书，即识字，为基础课之一。现在流传下来的"六书"指六种制造汉字的方法，即"象形、指事、会意、形声、转注、假借"。

"六书"一词最早见于《周礼·地官》："掌谏王恶而养国子以道，乃教之六艺，……，五曰六书，六曰九数。"❶ 其中没有"六书"详细的名称，也没有对六书的解释。

东汉许慎受刘歆的启示，耗费几十年的精力整理汉字，编成《说文解字》一书，在这本书的"叙"说："周礼八岁入小学，保氏教国子先以六书。一曰指事，指事者视而可识，察而见意，上下是也。二曰象形，象形者画成其物，随体诘诎，日月是也。三曰形声，形声者以事为名，取譬相成，江河是也。四曰会意，会意者比类合谊，以见指伪，武信是也。五曰转注，转注者建类一首，同意相受，考老是也。六曰假借，假借者本无其字，依声托事，令长是也。"❷ 许慎的解说，是历史上首次对六书定义的正式记载。后世对六书的解说，仍以许义为核心。

（六）何谓"数"

数，即数学之数，现代已经延伸为"数理化"之数。中国古

---

❶ 沈文倬：《宗周礼乐文明考论》，浙江大学出版社，1999，第 58 页。

❷ （东汉）许慎撰，（清）段玉裁注，许惟贤整理：《说文解字注》，凤凰出版社，2015，第 280 页。

代数学很早就已经很发达，中国古代数学体系的形成以汉代《九章算术》的出现为重要标志。古代数学家把数学的起源归于《周易》以及"河图洛书"，如宋朝时期著名大数学家秦九韶说："周教六艺，数实成之。学士大夫，所从来尚矣。……爰自河图、洛书闿发秘奥，八卦、九畴错综精微，极而至于大衍、皇极之用，而人事之变无不该，鬼神之情莫能隐矣。"❶ 六艺中的"数"应指自然与人类社会现象的变化即"变数"。

九数即九九乘法表，古代学校的数学教材。六艺中的数同样是一门基础课，蕴含着十分深奥的学问。在古代中国，数学和阴阳风水等"迷信"活动一起，被归入术数类。它的主要功能除了解决日常的丈量土地、算账收税等实际问题，就是要计算天体，推演历法。在这方面，古代中国人有着惊人的成就。

一是重视礼乐教育。《礼记·文王世子》记载："凡三王教世子，必以礼乐。乐所以修内也；礼所以修外也。礼乐交错于中，发形于外，是故其成也怿，恭敬而温文。"礼乐教育一直列于课程之首位。尤其是西周，西周统治者吸取了夏商灭亡的教训，在重武备的同时，提出了"敬德""敬礼"的政治主张，以求文治。在课程设置上更是重视礼乐教育。即便是射御两科也逐渐与礼乐教育相关联，要求射御尊礼，合乎礼节。周公还创制了"礼射"制度，以表祭祀之敬，君臣之礼，长幼之序。这种思想为孔子所继承，对后世的课程设置坚持以礼乐教育为核心并逐渐走向人文化产生了一定的影响。

二是文武兼备、知能兼求。"六艺"教育之中，礼、乐、书、数之教为文，射、御为武，所以六艺教育是典型的文武兼备的教

---

❶ 颜灼灼著：《算极九章：数学高峰秦九韶》，四川文艺出版社，2022，第5页。

育。而且"六艺"教育除了知识教育以外，也包括六种艺能的训练：演礼的技能；乐德、乐语、乐舞的技能；射箭的技能；驾战车的技能；书写的技能；计算的技能。从人的发展来说，六艺教育既重视人的品性涵养，又重视身体的训练和音乐的熏陶。所以六艺教育是一种全面而非偏向的课程设置模式。

第四节　君子之忧

君子有三忧，弗知，可无忧与？知而不学，可无忧与？学而不行，可无忧与？

——《韩诗外传》

忧：本义是愁闷、发愁，后来引申为使人忧愁之事，如困难、疾病、丧事等。《说文解字》将憂、忧分为两字解，把"憂"解释为"愁也"，"忧"解释为"和之行也"，后来典籍通用"忧愁之义"，而"憂"已很少用，仅仅在书法欣赏中把它当成"忧"的繁体字。作"愁闷、发愁"义，《诗经·魏风·园有桃》：心之忧矣，其谁知之？作"担心"义，《岳阳楼记》：先天下之忧而忧，后天下之乐而乐。

《诗》曰：未见君子，忧心。

君子有三忧，"三忧"就是三种忧虑。哪三种忧虑呢？"弗知，可无忧与？知而不学，可无忧与？学而不行，可无忧与？"不知道，不懂得，能不忧虑吗？听说有这种学问，而不去学习，能不忧虑吗？学习了之后而不去实践，能不忧虑吗？所以《诗经·召南·草虫》说："未见君子，忧心惙惙。"意思是说：没有看到你，我忧心忡忡。"惙惙"就是忧心的样子。这里的"你",不是一个人,而是一门学问。

不知道,什么都不懂,那是个智力障碍者。智力障碍者无忧无虑,所以他没有忧愁。如果你不是智力障碍者,人家都知道的,你不知道;人家都懂的东西,你不懂得;人家都掌握的知识,你不掌握,难道不忧虑吗?人要保持好奇心,求知欲,保持探微知著的热心肠。世事洞明,处处学问。再进一步,你知道世界上有这种知识,有这种学问,有这样的常识,有这种技能,而你不去学习,不去掌握,不去钻研,难道你不忧虑吗?科学技术日新月异,新事物是层出不穷的。面对新知识,新学问,新常识,你却抱着不感兴趣,不关心,不热爱,无动于衷,无所谓的态度,说明你心灰意冷,消极处世,情绪低落,甚至悲观厌世。那是你的心态出了问题,你的思想出了问题,人生观出了问题。

人不可能事事精通,什么知识都掌握,什么学问都是专家,什么技术都是行家里手。但是你要保持积极的人生态度,保持探索未知事物的热情。立足于精通专业的基础上,触类旁通,旁征博引,博采众长,才能思想开阔,如鱼得水,庖丁解牛,游刃有余。最重要的是最后一条"学而不行,可无忧与?"知道了,也明白了,弄懂了,也弄通了,就要实践,亲自去干。懂得了种田,就去种田;懂得了务工,就去务工;懂得了做人,就去做人;懂得了道德,就去修身养性;懂得了普遍真理,就去树立正确的人生观、世界观。

人生成功的道路有千条万条,其中是不是有"三忧"最为重要。第一,人要保持童心,保持好奇心,保持求知欲;第二,好学,好问,好动脑子;第三,"学而时习之",亲自干,亲自做,亲力亲为。对新知识,新学问无兴趣,是"心懒"。佛家主张"本来无一物，何处惹尘埃"。那是"虚静"，是"避世"。"心懒"的人，心中瓦砾成堆，衰草连天。知道自己有不会、不懂、有不明白的学问，而不去学，不去问，不去求，是"身懒"。"身懒"的人，是过河，知道旁边有桥，却装作看不见；登山，知道远处有梯，却嫌路远。佛家说："当一天和尚，撞一天钟。""身懒"的人，是虽然当了和尚，却不去撞钟。学习了之后，掌握了之后，而不去实践，是"脑袋僵化"。"脑僵"的人，学是学，做是做，说一套，做一套。说起来明白，干起事儿就糊涂。"脑僵"的人把书本知识和实践经验对立起来，要不就是教条主义，死抱着书本不放；要不就是孤立地，片面地，静止地，死板地看问题，理论与实践不能统一，主观与客观不能统一。

关于中国文化精神的标志性特征，有一种"忧患意识"说，还有一种"乐感文化"说，庞朴则反思了这两种说法，提出了"忧乐圆融"说。我国儒释道思想传统中有深厚的、源远流长的忧乐观，尤以先秦、宋明儒家的忧乐观及其生命实践特别突出，具有典范的意义。"作《易》者其有忧患乎"，"生于忧患，死于安乐"，是先圣先贤的忧患与安乐的辩证法。作为政治主体、道德主体和审美主体的人，对忧患与安乐有一种觉识，在忧患尚未产生时未雨绸缪，因而能居安思危，在逆境中能动心忍性，在顺境中具有忧患意识，是理性精神的表现。应当对造成传统士人进退维谷处境的制度、氛围、环境等，提出批判。现实的人乐观面对困难，发愤立志，艰苦实践，乐天知命，可以由有限通向无限，上达超越的境界。

"忧患意识"说，是徐复观于 20 世纪 50 年代提出来的。他继承《周易·系辞传》"作《易》者其有忧患乎"，"明于忧患与故"的思想，认为中国忧患的文化，有宗教的真正精神，而无宗教之隔离性质，呼唤于性情之地，感兴于人伦日用之间，使人们得以互相安抚，互相敬爱，以消弭暴戾杀伐之气于祥和之中。他把从原始宗教挣脱出来的中国人文精神之跃动、出现，定在殷周之际。当时，小邦周取代了大邑商。大邑商的一朝败亡，令人震惊与深思，尤其是以周公为代表的周初统治集团，如临深渊，如履薄冰。

徐复观说，"忧患"是要以己力突破困难而尚未突破时的心理状态，乃人类精神开始直接对事物发生责任感的表现，即是精神上开始有了人的自觉的表现。只有自己担当起问题的责任时，才有忧患意识。这种忧患意识，实际是蕴蓄着一种坚强的意志和奋发的精神。……在忧患意识跃动之下，人的信心的根据，渐由神而转移向自己本身行为的谨慎与努力。徐氏指出，这种谨慎与努力，在周初是表现在敬、敬德、明德等观念里面的。尤其是一个"敬"字，实贯穿于周初人的一切生活之中，这是直承忧患意识的警惕性而来的精神敛抑、集中，及对事务的谨慎、认真的心理状态。

这里的"敬"与宗教的虔敬、恐惧不同，是人的精神，由散漫而集中，并消解自己的官能欲望于自己所负的责任之前，突显出自己主体的积极性与理性作用，是主动的、自觉的、反省的心理状态，以此照察、指导自己的行为，对自己的行为负责。这种人文精神自始即带有道德的性格。徐氏认为，中国人文主义与西方不同，它是立足于道德之上而不是才智之上的。因之所谓忧患意识，作为中国知识分子的一种文化潜意识，给中国思想史打上了深深的烙印。

"不仁者不可以久处约（穷），不可以长处乐。""士志于道，而耻恶衣恶食者，未足与议也。""富与贵，是人之所欲也；不以其道得之，不处也。贫与贱，是人之所恶也；不以其道得之，不去也。君子去仁，恶乎成名？君子无终食之间违仁，造次必于是，颠沛必于是。"发大财，做大官，这是人人所盼望的；然而不用正当的手段去得到它，君子也不接受。君子没有在吃完一餐饭的时间里离开过仁德，就是在仓促匆忙、颠沛流离的时候，都与仁德同在。人生存的价值就在于他能超越自然生命的欲求。

孔子有自己的终身之忧和终身之乐："君子谋道不谋食""忧道不忧贫"；"德之不修，学之不讲，闻义不能徙，不善不能改，是吾忧也"。他快乐的，是精神的愉悦。他忧虑的，是社会风气不好，人们不去修德讲学，改过迁善。孔子的学问是生命的学问，他的"道"是文明的大道。他赞扬颜渊穷居陋巷，箪食瓢饮，"人不堪其忧，回也不改其乐"。"饭疏食饮水，曲肱而枕之，乐亦在其中矣。不义而富且贵，于我如浮云。"同时，孔子提倡追求人生修养的意境，游憩于礼、乐、射、御、书、数六艺之中："志于道，据于德，依于仁，游于艺"；"兴于诗，立于礼，成于乐"；"智者乐水，仁者乐山"。孔子的"吾与点也"之叹，赞同曾点的看法，向往暮春三月与青年、幼童同乐，在湖光山色中游览，边游边谈边唱，表达了儒家在积极入世的情怀中，也有潇洒自在的意趣。

孟子强调"生于忧患，死于安乐"。孟子先举了舜、傅说等六位人物的例子，说明"天将降大任于是人也，必先苦其心志，劳其筋骨，饿其体肤，空乏其身，行拂乱其所为，所以动心忍性，曾益其所不能"。出身卑微，经历艰难困苦，遭受过磨难、挫折的人，反而有柔韧性，忧患激励他们奋发有为，苦难成为人生的宝贵财富，使他们有了新的成就。一个人，错误常常发生后，才能改正；心意困苦，思虑阻塞，才能有所激发而创造。一个国家，假如国内没有具有法度的大臣和足以辅弼的士子，国外没有相与抗衡的邻国和外患的忧惧，经常会灭亡。无论是个人，还是国家、民族，忧患使之生存发展，安逸享乐使之萎靡死亡。要奋发图强，不要安于现状，不思进取。

司马迁在《报任少卿书》中说："盖文王拘而演《周易》；仲尼厄而作《春秋》；屈原放逐，乃赋《离骚》；左丘失明，厥有《国语》；孙子膑脚，《兵法》修列；不韦迁蜀，世传《吕览》；韩非囚秦，《说难》《孤愤》；《诗》三百篇，大抵圣贤发愤之所为作也。此人皆意有所郁结，不得通其道，故述往事，思来者。"个人忧患的经历，造就了这些伟大的思想家、作家。司马迁含垢忍辱，以这些先圣先贤为精神寄托，只为完成《史记》这一巨著。"虽万被戮，岂有悔哉！"他忍受奇耻大辱，写成了这一巨著，藏诸名山，传之其人。他开纪传体史学的先河，真正达到了"究天人之际，通古今之变，成一家之言"的高标准。我国文学史上，杜甫的《天末怀李白》写道："文章憎命达，魑魅喜人过"，是指李白才学过人，命运多舛，遭人诬陷。文学史上常常是悲愤出诗人，乱世出佳作。

我国传统有所谓贬谪文化，优秀的官员几乎毫无例外地被贬过，韩愈、苏轼、朱子、王阳明等等，不一而足。范仲淹的《岳阳楼记》中反映了当时的知识人的纠结："不以物喜，不以己悲。居庙堂之高，则忧其民；处江湖之远，则忧其君。是进亦忧，退亦忧，然则何时而乐耶？其必曰'先天下之忧而忧，后天下之乐而乐'乎？噫！微斯人，吾谁与归！"❶人无时没有忧乐，为什么而忧，为什么而乐，何时何处当忧，何时何处当乐？范仲淹自己被贬，此文即为他的朋友、被贬的滕宗谅而写，同病相怜，有感

---

❶ 诸葛忆兵：《范仲淹传》，中华书局，2012，第230页。

而发。此文被千古传颂，实因世代都有怀才不遇的知识分子。他们"去国怀乡，忧谗畏讥，满目萧然，感极而悲"，以"心旷神怡，宠辱偕忘，把酒临风，其喜洋洋"来麻醉自己。

我读束景南先生的《朱子大传》，颇有感慨。朱子一生，起起落落，临终被打为伪学、禁学。他壮年时知南康军，不断抗争，为民赈灾。尔后，朝廷派他去浙东赈灾。《朱子大传》中写道：朱熹在浙东的作为与朝廷的愿望和目的越来越远，为朝廷所不容。朝廷是让他代表朝廷做出少许业绩以显示皇帝的深仁厚泽，朱子却真当回事，一定要"民被实惠"；朝廷本只让他赈济灾民，他却进一步要为民减赋免税；朝廷本只把这场灾荒看成是天灾，他却进一步看成是人祸；朝廷只认为这场灾荒责任在地方，他却进一步认为根子在朝廷甚至是孝宗皇帝赵昚本人；朝廷本只要他措置赈荒中的"事"，他却进一步要惩处赈荒中的"人"。朱子上书尖锐批评朝廷、皇上，最后为上所不容，终于倒了大霉。

明代王阳明的生命中也有类似状况。从思想文化的背景来看，为范仲淹所高扬的"先天下之忧而忧，后天下之乐而乐"，其实也就是对孟子"乐以天下，忧以天下"精神的活用，进而形成两宋儒者"以天下为己任"的担当。但孟子精神并不仅仅有"以天下为己任"的一面，同时还有对皇权专制作批判与抗议的一面。

对于那些谋道不谋食、心忧天下的儒家士大夫而言，个人的贫富穷达不在他们的念虑之中。如北宋初年的李觏，政治方面有抱负与追求，使他充满了对于"邦国政教有玷缺不完者，下民疾害有酸楚未复者"的忧患意识。他曾经尖锐地揭露当时统治者对民众疾苦的漠视和下层社会民众在困苦中无处申诉、求告无门的社会现实。

实践儒家学说，也使得北宋思想家张载不计清贫，追求"孔颜之乐"。横渠镇地方偏僻，物产不丰。张载家中的田产仅够维持生计，他不以为忧，仍乐善好施。学生为生计所困，他总会施以援手，"虽粝蔬亦共之"。张载病逝时，"惟一甥在侧，囊中索然"。

张载在《西铭》中曾写道："富贵福泽，将厚吾之生也；贫贱忧戚，庸玉汝于成也。存，吾顺事，没，吾宁也。"❶ 这种论述，即是主张人在社会生活中，正确地理解人之生死，既不为生死寿夭所苦，也不为贫贱忧戚所累，而是以自己有限的人生，持守天地之性，践行天地之仁，担负起自己对天地父母及社会大众应尽的责任与义务，圆满地获取人生意义，实现人生价值。"存顺没宁"是张载的人生境界论。他认为，人的生死同其他器物的成毁一样，也源于"气化"。

人有生死，实为其本有的特性。全面地了解人生的这种特性，"知生无所得，死无所丧"，即可以做到"死不足忧而生不可罔"，理性地理解人生，现实地面对人生。这样的人生境界论"体用兼备"，不论其理论价值，还是其实践价值，都对后世儒家的发展产生了深远影响。我们感佩张载的心胸和意境，这对我们当代人的人格成长也有积极意义。

第五节　君子之友

且君子之交淡若水，小人之交甘若醴；君子淡以亲，小人甘以绝。

——《庄子·山木》

---

❶　杨立华：《气本与神化：张载哲学述论》，北京大学出版社，2024，第 254 页。

友：会意。甲骨文字形，像顺着一个方向的两只手，表示以手相助。本义：朋友。《说文解字》：同志为友。"友"与"朋"是有区别的，但是经常合在一起使用，《周易·兑》：君子以朋友讲习，"同门曰朋""同志曰友"。

曾经有人说过：交渊博友，如读名书；交风雅友，如读诗歌；交谨慎友，如读圣书；交滑稽友，如读传奇小说。博弈之交不终日，饮食之交不终月；势利之交不终年，惟道义之交可以终身。交友是人们日常生活中必不可少的一件事情，但是我们应该怎么样去交友，去跟什么样的人交友，怎么样跟朋友相处等，这些问题都涉及君子的交友之道。

作为先秦两大显学之一的儒学，君子的思想一直是其关注的核心。君子的"学、德、礼、风"是君子之交的基础，君子如果没有了学，则不懂得如何去交友；没有了德与礼，则交不到真正的朋友；所以说，君子之交贵在学，在德、在礼、在风。《论语》记载："有朋自远方来，不亦乐乎？人不知而不愠，不亦君子乎？"古人云：同门曰朋，同志为友。这里的"不亦乐乎"是发自内心的，是因为志同道合的朋友来了，对自己的道德修养会有一定的帮助。这种乐是因为相互间可以学习与帮助而产生的，因而是由内心发出来的"乐"。

《论语》记载："君子以文会友，以友辅仁。"这句话就明确地指出君子交友的目的与方式。前半句"君子以文会友"的"文"，可以看作文章学问，也可以看作道德修养。如果是文章学问的话，就和"谈笑有鸿儒，往来无白丁"的意境是一样的。如果看作道德修养的话，就有点"道，不同，不相为谋"的意思了。

在君子的交友之道中，"敬"与"恭"也是必不可少的要素。《论语》记载：司马牛忧曰："人皆有兄弟，我独亡。"子夏回：

"商闻之矣：死生有命，富贵在天。君子敬而无失，与人恭而有礼，四海之内皆兄弟也。君子何患乎无兄弟也？"这里的"敬"是自我的要求，是以谨慎的态度与合适的规范来约束自己。"恭"是对待别人的礼仪，是尊重别人而表现出来虔诚的仪表。君子是乐于交友的，君子也是慎重择友的。在儒家看来，择友首先要做到志同道合，孔子说过："君子和而不同。"我们或许也可以理解为君子交友知礼而和谐相处。我们知道君子交友是快乐的，但并不是所有的快乐都是"善"的。

《论语》记载，孔子曰："益者三乐，损者三乐。乐节礼乐，乐道人之善，乐多贤友，益矣。乐骄乐，乐佚游，乐宴乐，损矣。"如何获得"益"的快乐，是要以礼乐来调节自己，是要多称赞别人的好处，是要多结交贤德的朋友，这样才能获得"善"的快乐。孔子在择友的问题上还说过："主忠信，毋友不如己者，过则勿惮改。"在《子罕》篇中重复记载了这一条。孔子两次提到同样的问题，可见孔子对择良友的重视程度，这里的"毋友不如己者"的"友"是说道德上不如自己的朋友。

在与什么人交友的问题上，孔子说过："居是邦也，事其大夫之贤者，友其士之仁者。"孔子还说过："益者三友，损者三友。友直，友谅，友多闻，益矣。友便辟，友善柔，友便佞，损矣。"在孔子看来，同正直的人交朋友，同诚实的人交朋友，同见多识广的人交朋友，这是有益的。同阿谀奉承的人交朋友，同当面恭维，背后诽谤的人交朋友，同花言巧语的人交朋友，这是有害的。

"君子过人以为友，不及人以为师。"（《晏子春秋·外篇下》）"君子上交不谄，下交不渎。"（《易经》）"不挟长，不挟贵，不挟兄弟而友。"（《孟子·万章章句下》）就是说要纯粹交友，不要有所倚仗，不能掺杂"长""贵""兄弟"等外在因素。如果掺杂了这些因素，友谊就不纯粹了。"不挟长"，是说交朋友时不要倚仗自己的年纪大。杜甫说，"人生交契无老少"，交朋友不论老少。有一种友情叫"忘年交"，只要志趣相投，友谊也可以超越年岁与辈分。像贺知章与李白，就是历史上有名的忘年交。虽然年龄相差40多岁，但两人一见如故，惺惺相惜，为了请李白喝酒，贺知章甚至不惜"金龟换酒"。"不挟贵"，是说交朋友时不要倚仗自己的地位高。贵势可得亦可失，"以势交者，势倾则绝"（《中说·礼乐》）。《史记》记载，下邽县的翟公起初做廷尉，家中宾客盈门；待到一丢官，门外便冷清得可以张网捕雀。

正所谓"一死一生，乃知交情；一贫一富，乃知交态；一贵一贱，交情乃见"（《史记·汲郑列传赞》）。"不挟兄弟"，是说交朋友时不要倚仗兄弟的财富多。《战国策》说："以财交者，财尽则交绝。"王通在《中说》中也说："以利交者，利穷则散。"如果别人是因为你的家庭或兄弟有钱有势才与你交往，那一旦你家道没落，就会树倒猢狲散。

在孟子看来，"友也者，友其德也，不可以有挟也"（《孟子·万章章句下》）。《论语》里说，要"以友辅仁"，孟子这里则说，要以德交友。交朋友，是看重朋友的品德而与他相交，因此不能存在任何有所倚仗的观念。孟子举了好几个例子来说明以德交友，不可以有所倚仗的道理。一是孟献子与乐正裘、牧仲等五人交朋友；一是费惠公与颜般交朋友；一是晋平公与亥唐交朋友；一是尧与舜交朋友。前者或为卿大夫（孟献子），或为小国之君（费惠公），或为大国之君（晋平公），或为天子（尧），但他们在交朋友的过程中，并没有倚仗自己的权势或高贵的身份地位，而是以德相交，所以才与乐正裘、颜般、亥唐、舜等人交朋友。

孟子谓万章曰："一乡之善士，斯友一乡之善士；一国之善士，斯友一国之善士；天下之善士，斯友天下之善士。以友天下之善士为未足，又尚论古之人。颂其诗，读其书，不知其人，可乎？是以论其世也。是尚友也。"（《孟子·万章章句下》）孟子认为，物以类聚，人以群分，一乡中的优秀人物，就和这一乡的优秀人物交朋友；一国中的优秀人物，就和这一国的优秀人物交朋友；天下的优秀人物，就和天下的优秀人物交朋友。如果同天下的优秀人物交朋友还嫌不够，又该怎么办呢？这时就要上溯历史，追论古代的人物，与古人交朋友。正所谓"我思古人，实获我心"（《诗经》）。

《庄子》里说道：且君子之交淡若水，小人之交甘若醴；君子淡以亲，小人甘以绝。"君子之交淡如水"是一种交友境界，同时也是人与人之间交往要把握的一个"度"，这个"度"如果把握不好，就会变成扼杀友情的绳索。"君子之交淡如水"是相对"小人之交甘若醴"而言的。君子之交，在言在行。你自己是一个君子，就会吸引来很多想来与你结识的君子，假若你是一个小人，那估计你也只能收获几个没有真心待你的小人了。

每个人都只有一个人生，你想在人生道路上收获怎样的友情，就得去努力成为你想要的那种人，就得为这样的目标付出努力。周国平在《只有一个人生》中写道："一个人只要知道自己真正想要什么，找到最适合于自己的生活，一切的外界的诱惑与热闹对于他就的确成了无关之物。"❶ 你想收获一份真挚纯净如水一般的友谊，你就得先让自己成为一个像水一样澄净透明的人！

犹太作家维塞尔曾说："美的反面不是丑，是冷漠；信仰的反

---

❶ 周国平：《人生哲思录》，十月文艺出版社，2019，第88页。

面不是异端，是冷漠；生命的反面不是死亡，是冷漠。"❶ 一个冷漠的人，是得不到几个真心朋友的，也许在他身边的朋友，大都是为了得到他身上的利益罢了。央视主持人张泉灵说过，"总希望自己是这温暖链条上的一分子，让这样善的传递不在我身上断掉。"其实，我们每个人都不乏善心和爱心，只是在等待一个被触发的机会。当一个人被感动之时，也是他的爱心和善心被触发之时，让人"一看就温暖"的温柔，这激发了我们内心柔软和善意的温情。永远相信，人世间不只是心灵的沙漠，感情的冰窖，还有各种至善至真的情怀，筑起了一道道最美的风景。

朋友之爱，不可或缺。"当爱逐渐死去，人心不过是活着的墓穴。"这是诗人雪莱在《论爱》里说的话。爱人者，人恒爱之。有一种花儿，虽然你无法看到，却依然盛开于心；有一种声音，虽然你无法听见，却自知你了解。朋友之间，也许不用天天见面，时时刻刻相聚，但在一起的每一刻都令人珍惜难忘。朋友之爱，始于相识的那一抹真诚的微笑，始于那一句扣入心扉的话语。美学家朱光潜说："你是怎样的一个人，处在什么地位，在什么场合，感受到怎样的情趣，便会呈现出怎样的言行风采，叫人一见就觉得和谐与完整，这才是艺术的生活。"❷

带着一颗真心去待人，不为利益而去结识朋友，美好的人性往往塑造了一个美好的人格，只要你心里有阳光，眼睛看到的都是温暖，同时也照耀温暖了身边的人。君子之友，不尚虚华，不自私偏己。生命的意义不在于美丽的言辞，不在于空洞的追求，而在于实实在在谋求自己的生存，同时也帮助别人生存。人常说，患难之中见真情，贫困之中出故交。独善其身者难成大事，越利

---

❶ ［美］埃利·维塞尔著，袁筱译：《黑夜》，南海出版公司，2018，第56页。
❷ 朱光潜著：《谈美》，东方出版社，2016，第214页。

于大家，越利己。徐志摩说："只要春风还在，我便热烈绽放，不管今天有没有人来。"❶ 在知己来到你身边之前，坚守一方纯净的潺潺流水之地，洗净蒙尘的心灵，带着一颗真心，静候知音。一曲高山流水，一壶浊酒笑谈人生三百年。酒逢知己千杯少，唯有相交如水淡淡然，侧耳倾听，彼此心里的声音，你会聆听到那属于真心朋友之间的真挚的情谊演奏而成的美妙旋律。

在与朋友相处的问题上，"礼"与"信"是儒家与朋友相处的重要原则，《论语》记载："君子敬而无失，与人恭而有礼，四海之内，皆兄弟也。"君子知礼、好礼，在与人的交往中"礼"是促使关系和谐，共同进取的必然条件。在关于"信"的问题上，《论语》记载，子曰："老者安之，朋友信之，少者怀之。"孔子把与朋友之间的"信"作为自己的志向，而曾子则把"信"作为自己道德自律的三件事中的一件。

曾子曰："吾日三省吾身：为人谋而不忠乎？与朋友交而不信乎？传不习乎？"❷ 曾子每天都要反省与朋友相交是不是做到了"信"，可见儒家对"信"的重视。在君子的交友过程中，在说话的问题上也是很有讲究的，《论语》记载，子曰："可与言而不与之言，失人；不可与言而与之言，失言。知者不失人，亦不失言。"这是说：在与人交往中，什么话该说，什么话不该说，该说的话要怎么说，这是要根据自己的情况来决定的。在这个问题上，孔子给我们做了很好的回答。子贡问友。子曰："忠告而善道之，不可则止，毋自辱焉。"劝善规过，是作为朋友的道义和责任，所以在人们眼中"益友"才能与"良师"相提并论。可是在朋友听不进自己的"规劝"时，就不要勉强了。不然，就会大伤

---

❶ 徐志摩著：《桑楚编：志摩的诗》，中国华侨出版社，2018，第 303 页。

❷ 陈桐生译注：《曾子·子思子》，中华书局，2009，第 113 页。

感情。"不可则止"，既体现了对朋友的尊重，又避免了对友情的伤害。

儒家思想的君子交友之道是先秦学者们比较重视的一种思想道德准则。它为我们树立了一个标准的行为道德规范，可以说，先秦的儒家君子思想已经成为我们验证一个人是不是君子的标准。它为内在精神的培养和人格的自我完善，起了重要的示范作用。

第六节　君子之知

不知命，无以为君子也；不知礼，无以立也；不知言，无以知人也。

——《论语·尧曰》

知：从口，矢声。"知"是"智"的本字，"矢"表示箭，代指行猎、作战；"口"代表交流、谈论。因此"知"的本义是谈论和传授行猎、作战的经验；后来引申为经验、常识，真理等；又进一步引申为聪明的，有战略的，觉悟的。作"记忆"义，《论语·里仁》：父母之年，不可不知也。朱熹《论语集注》：知，犹记忆也。作"见解、见识"讲，《商君书·更法》：有独知之虑者，必见骜于民。《庄子·养生主》：吾生也有涯，而知也无涯。

《论语·颜渊》中说：死生有命，富贵在天。《周易·乾卦》中讲：乾道变化，各正性命。在中国古人的思想观念中，人们的富贵贫贱，吉凶祸福，以及死生寿夭，穷通得失，乃至我们所说的科场中举，货殖营利，无不取决于冥冥之中，并非人类自身所能把握的一种力量。这就是命运。在这个世界上，很多事情不是人力可以控制的，费尽心思的东西可能是一场泡影，顺其自然的可能水到渠成。种瓜得瓜乃是一厢情愿，命运其实也是不可触摸的。知天命不仅使我们有敬畏心，还赋予我们进取心。认知天命，是仁；敬畏天命，是礼；履行天命，是义。孟子说："居天下之广居，立天下之正位，行天下之大道。得志，与民由之，不得志，独行其道。"这就是天命！

孔子说："不知命，无以为君子也。不知礼，无以立也。不知言，无以知人也。"孔子尝谓子夏说："汝为君子儒，无为小人儒。"君子儒必须知命。不知命，不能成为君子。命就是天命，命有属于个人者，有属于群体者。个人的生死穷通固然有命，国族人群的治乱兴衰也是有命。此命贯通于过去现在未来三世，普通人不知，君子不能不知。知命之后，不讲宿命论，而是在确知三世前因后果时，力求改恶向善，将一己与人群之命改善到至善之境。一己之命，人群之命，最恶劣的就是否定五伦道德，不知人禽之辨，卒致父子相杀，盗贼横行，权谋诈术流行天下，战争随时可以触发。君子知命，不能不忧，忧之愈深，求其改善的心念愈为迫切。

孔子就是抱此迫切之心周游列国。他在列国遭遇不少危难，但都因为知命而无所惧。如司马桓魋欲害孔子，孔子说："天生德于予，桓魋其如予何。"又如匡人围困孔子，孔子说："天之未丧斯文也，匡人其如予何？"他以先王遗留下来的有道之文教化生民，为生民立命。他深知天命不丧斯文，所以遇见任何艰难都不为所阻。虽然春秋乱世未因孔子之教而彻底改观，但如没有孔子的言论教化，中国文化无法传到现在。如果没有中国文化，则现代的中国人将不知人之所以为人。

程颐说："知命者，知有命而信之也。人不知命，则见害必避，见利必趋，何以为君子?"❶ 知命者，知道有命，并且相信这命，就按这个命去做。孔子说五十而知天命，我的天命是什么，我就去做什么。如果人不知命，那他一举一动的原则，都是趋利避害。趋利避害，就没有志向和原则，为利欲所牵引，为害怕而躲避，他的未来往哪儿去，他自己都不知道，他怎么能成为君子呢? 林则徐有一句诗:"苟利国家生死以，岂因祸福避趋之。"这是知命，我的命就是为国效力，只要对国家有利的，就是我命中该做的，我就不因自己的祸福利害而或趋或避。人都想趋利避害，但是你趋利未必得利，避害未必无害。趋利可能葬送了自己，避害可能损失了最大利益。这样的事不是比比皆是吗?

中华民族一直被称为"礼仪之邦"。礼仪文化是中华民族独特的精神标识之一，是世界文明的瑰宝。无论是人情还是现实社会，都是靠礼来维系。知礼，就是懂得礼法，遵守社会公德，遵守社会秩序，不然就无法立足于社会和人情世故。孔子说:"不知礼，无以立也。"《礼记·乐记》云:"礼者天地之序也。"春夏秋冬，周而复始，运行不乱，即是天地自然的秩序，人能顺乎天地之序，则身心自然运行而不乱，自能立身于天地之间，办事有章法，修道有定力。所以颜渊问仁，孔子答以"克己复礼为仁"。如果一个人不知礼，则其身心言语杂乱无章，何能立身于世。朱熹说，不知礼，则耳目无所加，手足无所措。不知礼，你就耳目手足都不知道怎么用，怎么能自立于社会呢? 张居正说:"礼为持身之具，若不知礼，则进退周旋，茫无准则，耳目手足惶惑失措，欲德性坚定，则卓然自立难矣!"❷

聪明的人用脑袋说话，智慧的人用心灵理解讲话，傻瓜才用

---

❶ 卢连章:《程颢程颐评传》，南京大学出版社，2001，第234页。

❷ (明)张居正撰，王岚整理:《四书直解》，九州出版社，2010，第210页。

嘴巴讲话。无论跟任何人打交道，都离不开语言交流。如果不懂得分析辨别，不懂得语言分寸，就无法与人沟通，也无法结识他人，更无法达成自己的事业。俗语说："锣鼓听音，说话听声。"与人沟通交流，要学会观其色，听其音。聪明说话是一门学问，善于听话也是一种艺术。为人处世，说话，听话都要有讲究，否则会自己招来敌人，事事也会碰壁。

孔子说："不知言，无以知人也。"言语是人的心声，听其言，可以知其人。如《周易·系辞》说："将叛者其辞惭，中心疑者其辞枝，吉人之辞寡，躁人之辞多，诬善之人其辞游，失其守者其辞屈。"这是孔子所举知言的几个例子，可以启示学者，要训练自己会听言语。听人的言语，可以知人的心理，知其心理，则知其为人，其人善者我当亲近，恶者我当远离。一个人无论办事修道，都要亲君子，远小人。何者为君子，何者为小人，如若能知言，自能辨别。虽有很多口是心非的人，说话与为人是两回事，然而诚于中者必形于外，真能知言者一定能洞察是非。

君子学儒，志在大道，学为圣人。在学的过程中固然要损己利人，始能明德。而在明德完全发明之后，更是永不休息地为天下苍生办事，不论有位无位，皆以天下为己任。有位则为尧舜，无位则为孔子。这就是中国传统文化，不论在什么时代，也不论在什么国家，都有实用价值，谁采用，谁就得益。吾人学儒，读《论语》，即是学道，即是学办事，即是学传播文化。为了达成这些学习目标，成始成终，就都要知命知礼知言。

君子所行之"道"是什么？什么叫做"道"，在道家老子、庄子那里是无法用概念去规定的，而在儒家那里有着一些规定。作为六经之首的《周易》是这样规定"道"的，说："形而上者谓之道，形而下者谓之器"，意思是说，在有形事物之上的、背后的那种无形的存在者就叫做"道"，而与此相对的，那些有形的存在者就叫做"器"。对于这样一种无形而又重要的"道"，在《中庸》看来，那是一刻也不可以离开的。说："道也者，不可须臾离也，可离非道也"，意思是说，"道"是不可片刻离开，如果能片刻离开，就不是"道"了。在这层意义上规定"道"的目的，实际上是对君子的行为提出要求。

《中庸》说："是故君子戒慎乎其所不睹，恐惧乎其所不闻。莫见乎隐，莫显乎微。故君子慎其独也"，意思是说，"道"是无形的，因此君子在不被看见的地方，也是谨慎敬戒的；在不被听见的时候，也是恐慌和畏惧的。没有比幽暗之中更为显著的，没有比细微之处更为明显的。因此君子在独处时要谨慎啊！"道"虽无形，但真切地存在，作为一个君子应尤其在人看不见、听不到的地方严格要求自己，坚决按照"道"去行动，于是，"慎独"就成为君子的德行。

在这里特别要引起大家注意的是"戒慎""恐惧"的理念，这是一种中国传统文化中十分重视的"敬畏感"的问题，所谓敬畏感实际上涉及信仰的问题，所以又决定这种信仰精神对人生的重要和可贵。敬畏什么？由于选择敬畏对象的不同而决定了中西文化的不同。西方文化敬畏的是上帝，因而是宗教的信仰；中国文化敬畏的是天命，因而是自然道德的信仰。在儒家思想体系中，天命与大道，大道与教化，其间存在着紧密内在的联系。

《中庸》说的"天命之谓性，率性之谓道，修道之谓教"这一被称为"三句教"的思想正是最好的例证。天命给予了万物本性，包括人类的本性，而万物都按其本性呈现就形成了道，修养着和弘扬着这样的道就是教化。这里存在着这样的逻辑关系，敬畏天命就是敬畏大道，弘扬敬畏感乃是教化的自身内容和目的。理解了这些，也就理解了为什么儒家会将"畏天命"作为君子的一个标准的原因了。孔子说："君子有三畏，畏天命，畏大人，畏圣人之言。"（《论语·季氏》）又说："不知命，无以为君子也。"（《论语·尧曰》）畏天命，知天命正是要建立起人们对"人性"、对"天良"、对"大道"的敬畏啊！所以说，"畏天命""知天命"就成为君子的德行。

人不能没有敬畏，有敬畏才知道哪些事不能做，哪些事不敢做；有敬畏才知道做人要谦卑而不可张狂；有敬畏才知道慎独、慎言、慎行。一个文明社会的建立，需要提倡这种君子有所怕的精神，没有敬畏的文化心理是十分可怕和非常危险的。

第七节　君子之治

道千乘之国，敬事而信，节用而爱人，使民以时。

——《论语·学而》

治，从水从台（胎的本字）。自水的初始处、基础、细小处开始，以水的特征为法，进行的修整、疏通，是为治。治，本义水名，出自泰山。作动词用，主要指"管理、惩办、医疗、从事研究"等义。《水经注》：昔禹治洪水。《史记·孝武本纪》：其后治装行，东入海，求其师云。《吕氏春秋·察今》：治国无法则乱。

孟子曰："无罪而杀士，则大夫可以去；无罪而戮民，士可以徙。"（徙：迁徙，搬走）在朝为官的大夫如果不想助纣为虐，遇到这种情况，就应该赶紧走开，作为有知识、有骨气的士人，遇到这样的暴君，离开这个国家是你唯一的出路。《论语·尧曰》：

"子曰：'不教而杀谓之虐；不戒视成谓之暴；慢令致期谓之贼；犹之与人也，出纳之吝谓之有司。'"孔子曰："不戒责成，害也；慢令致期，暴也；不教而诛，贼也。君子为政，避此三者。"（《韩诗外传》）

道、乘，皆去声。道，治也。马氏云："八百家出车一乘。"千乘，诸侯之国，其地可出兵车千乘者也。敬者，主一无适之谓。敬事而信者，敬其事而信于民也。时，谓农隙之时。言治国之要，在此五者，亦务本之意也。

程子曰："此言至浅，然当时诸侯果能此，亦足以治其国矣。圣人言虽至近，上下皆通。此三言者，若推其极，尧舜之治亦不过此。若常人之言近，则浅近而已矣。"❶ 杨氏曰："上不敬则下慢，不信则下疑，下慢而疑，事不立矣。敬事而信，以身先之也。易曰：'节以制度，不伤财，不害民。'盖侈用则伤财，伤财必至于害民，故爱民必先于节用。然使之不以其时，则力本者不获自尽，虽有爱人之心，而人不被其泽矣。然此特论其所存而已，未及为政也。苟无是心，则虽有政，不行焉。"❷ 胡氏曰："凡此数者，又皆以敬为主。"❸ 愚谓五者反复相因，各有次第，读者宜细推之。

敬事而信，字面意思是：严谨认真地办理国家大事而又守信用。

但这句话也有可能是指敬事鬼神，当然，把这个信理解为政府信用、国际信用是没有问题的。以下列举信字的一些用法。《左传·桓公六年》：所谓道，忠于民而信于神也。上思利民，忠也；

---

❶ （春秋）孔子著，（南宋）朱熹集注：《论语集注》，金城出版社，2023，第127页。
❷ 同上书，第128页。
❸ 同上书，第129页。

祝史正辞，信也。《左传·庄公十年》公曰，牺牲玉帛，弗敢加也，必以信。对曰，小信未孚，神弗福也。所以这话也可以理解为敬事鬼神，按照时节祭祀。以此类推，因为鬼神的力量，执政者对人民也要敬而信之。《左传·僖公三十三年》：承事如祭。另外需要强调的是，孔子时代的儒家讲祭祀，是不铺张浪费的，但要完成一整套复杂的形式，同时由衷地恭敬。而墨子时代的祭祀，便已伤财害民了，所以墨子才有了《节用》篇。

节用而爱人。儒家对国家经济运行有着系统的思想，这个思想便是政府少征税，少扰民，省开支。或者用当代流行的语言说，就是"小政府"。"小政府"一直到当代都无法实现，更何况在弱肉强食的春秋年代，国弱民富也许是可行的，但长期以来便像徐偃王一样，因行仁义而灭国。"小政府"不一定可行，但不管是富国强兵，还是富国裕民，节用是一定要做到的。《礼记》里大量的规定都是在强调节用。仪式要保留，但财物消耗要少一点。

使民以时。儒家仁政理想实现，有个重要的物质前提，便是生活资料本身是充分的。生活资料充分，便可以实施礼乐制度。《管子·牧民》："仓廪实则知礼节，衣食足则知荣辱。"孟子也在多处强调只要做到"无失其时"，只要做到使民以时，生活资料便基本是充裕的，充裕的生活资料便会衍生出分工和工商业。但法家代表人物韩非却不断地强调生活资料的短缺。

《韩非子·五蠹》："古者丈夫不耕，草木之实足食也；妇人不织，禽兽之皮足衣也。不事力而养足，人民少而财有余，故民不争。是以厚赏不行，重罚不用，而民自治。今人有五子不为多，子又有五子，大父未死而有二十五孙。是以人民众而货财寡，事力劳而供养薄，故民争，虽倍赏累罚而不免于乱……是以古之易财，非仁也，财多也；今之争夺，非鄙也，财寡也。"这种观点是不是很熟悉？近代经济学家、人口学家马尔萨斯也就人口和资源的问题提出过类似的论断，总之人多了，财货少了，纷争就多了。所以法家韩非的主张就是让末技游食之民都去做农夫，服从国家耕战的需要。这也是管仲的经济政策，商鞅更是把这种政策主张发挥到了极致，直接导致了秦国的强大，直至一统中国。

"不违农时，谷不可胜食也；数罟不入洿池，鱼鳖不可胜食也；斧斤以时入山林，材木不可胜用也。谷与鱼鳖不可胜食，材木不可胜用，是使民养生丧死无憾也。养生丧死无憾，王道之始也。""五亩之宅，树之以桑，五十者可以衣帛矣；鸡豚狗彘之畜，无失其时，七十者可以食肉矣；百亩之田，勿夺其时，数口之家可以无饥矣；谨庠序之教，申之以孝悌之义，颁白者不负戴于道路矣。七十者衣帛食肉，黎民不饥不寒，然而不王者，未之有也。"生活资料丰富还与礼乐有关，吃饱了饭，有了空闲，"壮者以暇日修其孝悌忠信"。

孟子对曰："地方百里而可以王。王如施仁政于民，省刑罚，薄税敛，深耕易耨。壮者以暇日修其孝悌忠信，入以事其父兄，出以事其长上，可使制梃以挞秦楚之坚甲利兵矣。彼夺其民时，使不得耕耨以养其父母，父母冻饿，兄弟妻子离散。彼陷溺其民，王往而征之，夫谁与王敌？故曰：'仁者无敌。'王请勿疑！"❶《春秋》里也显示了那个时代对"使民以时"的政治规定，如对在农时筑城持批判态度，认为这便是夺了农时。

子曰："道千乘之国，敬事而信，节用而爱人，使民以时。"❷这一段写治国，治国与修身的共同之处都在于用心，先要正心，再习韬略，才能兴国。心术不正，则权力越大，能力越强，越要

---

❶ 杨伯峻译注：《孟子译注》，中华书局，2018，第218页。

❷ （春秋）孔子著，（南宋）朱熹集注：《论语集注》，金城出版社，2023，第268页。

祸国殃民。

国，指当时的诸侯国，乘指兵车。春秋时以兵车的数量来衡量国家实力。一乘兵车，四匹马，每辆作战用车，配备战士三人，步兵七十五人。每辆后勤和防御用车，配战士三人，步兵二十三人。百户居民供战车一乘、防御用车一乘的所有装备和士兵。千盛之国指可以动员一千辆战车，一千辆防御用车，十万部队，八千匹战马和十万户居民。孔子说，千乘大国，事务繁杂，人民众多，不易治理。要想管理好这么大的国家，要做好五件事。

第一，要敬事。大概可以作敬业讲。这样大国的领导人，每天日理万机，一个不敬业的念头，可能会遗祸天下，一瞬间的不敬业，可能会贻害千年。所以做领导不容易，一定要兢兢业业，事情不论大小，都要谨慎处理，不敢有丝毫的怠慢之情。

第二，要信。就是诚信，有信誉。这个信字，是领导人的法宝，如果赏罚不信，手下人就会不服，号令不信，朝令夕改，人们就很难遵守。必须诚实不二，一言一行都要心口相一，才能取信于人。

第三，要节用。自然资源是有限的，如果不节约，资源就有枯竭的危险。因此需要量入为出，过于奢侈的，所用不急的，所出无名的，都应省减。

第四，要爱人。领导人，是群众的衣食父母，如果不能爱护人民，就不能很好地带领人民。对待群众要像对待伤员一样细心，像呵护自己的孩子一样。凡是鳏寡孤独，无依无靠，水旱灾伤，饥寒失所的人，都要加以抚恤，使他们能够获得基本的生存条件。

第五，要用民以时。国家有营造建设，兴师动众的事，不免要用大量民力。如果妨碍了人民的正常生产生活，就会影响社会的稳定。古时候尤其不能妨碍了人们的粮食生产，损害国本。《管子·治国》云："凡治国之道，必先富民。民富则易治也，民贫则难治也。奚以知其然也？民富则安乡重家，安乡重家则敬上畏罪，敬上畏罪则易治也。民贫则危乡轻家，危乡轻家则敢凌上犯禁，凌上犯禁则难治也。故治国常富，而乱国常贫。是以善为国者，必先富民，然后治之。"

君子学道则爱人。儒家的仁道包括自爱与爱人、爱物。自爱是为了爱人，进而爱物，或说自爱是为了更好地爱人、爱物，所以说，实践仁道的君子，是不能停留在自爱的阶段的，而是一定要将爱推行开来，从而落实到爱人和爱物的境界之上。宋代的张载说："以爱己之心爱人则尽仁"，王安石也说："爱己者，仁之端也，可推以爱人也"。再者，就"仁"之本义以及孔孟对仁的定义来看，也都是强调"仁"和人与人的关系问题。

《说文解字》说："仁，亲也，从人从二"。所谓的"从人从二"正是突出二人为仁的"相人偶"，即人与人的关系之本质属性。孔子在回答他的学生提问时也指明了这一点。"樊迟问仁，子曰：爱人。"（《论语·颜渊》）孟子更加明确地指出："仁者，爱人也。"（《孟子·告子下》）正是因为自爱与爱人有着这样的推及关系，所以《论语》结合君子这一特殊对象指出了"仁者爱人"的归宿："君子学道则爱人，小人学道则易使人也。"（《论语·阳货》）

儒家的仁者爱人之道，甚而是孔子的"一以贯之道"，都是具体通过忠恕二道得到反映和体现的。孔子向世人所宣扬的"一以贯之道"的具体内容通过他的学生曾子之口得到了表述。曾子曰："夫子之道，忠恕而已矣。"（《论语·里仁》）

参考文献

［1］（春秋）孔子著，（南宋）朱熹集注. 论语集注［M］. 北京：金城出版社，2023.

［2］王国轩译注. 大学·中庸［M］. 北京：中华书局，2006.

［3］王世舜译注. 尚书［M］. 北京：中华书局，2023.

［4］（唐）刘知己著，白云译注. 史通［M］北京：中华书局，2022.

［5］杨伯峻译注. 孟子译注［M］. 北京：中华书局，2018.

［6］（三国吴）韦昭注，徐元浩集解，王树民点校. 国语集解［M］. 北京：中华书局，2019.

［7］（西汉）戴圣编纂，胡平生等译. 礼记［M］. 北京：中华书局，2022.

［8］戴晴. 梁漱溟　王实味　储安平：现代中国知识分子群［M］. 南京：江苏文艺出版社，1989.

［9］陈璧生. 孝经正义［M］. 上海：华东师范大学出版社，2022.

［10］陈鼓应. 管子四篇诠释［M］. 北京：商

务印书馆，2016.

　　［11］沈文倬. 宗周礼乐文明考论［M］. 杭州：浙江大学出版社，1999.

　　［12］卢连章. 程颢程颐评传［M］. 南京：南京大学出版社，2001.

　　［13］李嗣水. 中华民族精神论［M］. 济南：泰山出版社，1998.

　　［14］张岱年. 中国知识分子的人文精神［M］. 郑州：河南人民出版社，1994.

　　［15］张世英. 论黑格尔的精神哲学［M］. 上海：上海人民出版社，1986.

　　［16］郑晓江，程林辉. 中国人生精神［M］. 南宁：广西人民出版社，1998.

　　［17］吴灿新. 中国伦理精神［M］. 广州：广东人民出版社，2007.

　　［18］李文成. 追寻精神的家园：人类精神生产活动研究［M］. 北京：北京师范大学出版社，2007.

　　［19］徐冰. 人之动力论［M］. 沈阳：辽宁人民出版社，1999.

　　［20］杜胜利. 精神辩证法［M］. 长春：吉林大学出版社，2013.

后　记

英国历史学家汤恩比曾说过："拯救 21 世纪人类社会的只有中国的儒家思想和大乘佛法。"1988年，全世界 75 位诺贝尔奖获得者汇聚巴黎，有学者提出倡议说："人类要想在 21 世纪生存下去，就应该到 2500 年前的孔子那里去寻找智慧。"

君子文化作为中华优秀精神文化的核心，是我们在世界文化大潮激荡中站稳脚跟的基石。在长期历史发展中，儒家文化兼收诸子百家，吸收借鉴道教、佛教的合理内核，形成了极具特色的中华君子文化。作为故宫中轴线的太和殿、中和殿、保和殿，三殿一线，和为核心，阐发和宣示的就是《中庸》里"中和位育"的君子之道，就是《论语》里"君子和而不同，小人同而不和"的深刻哲理，就是"守中出奇，和合天下"的君子襟怀与气魄。

君子就是中华文化的整体形象，君子文化就是中华文化的主体性代表。《周易》中说，"君子乾乾，君子谦谦，君子夬夬"。展示的就是超越学派、超越教派、超越族群、超越区域局限的谦虚好学者形象，光明坦荡者形象，勇敢担当者形象。就是大写的、如汉字一样横平竖直堂堂正正的大写的中国人形象！当今，面对各种外来文化思潮的挑战和冲击，中华民族传统文化面临深刻的危机。在各种文化的激荡、交锋中，我们必须赋予君子文化鲜明的时代精神，让其与时俱进，展现强大的生命力。让其以超强的消化力、融合力，丰富自己，强大自己，在守住中华文化根本的同时，为形成和丰富世界文明作出卓越贡献。

"问渠那得清如许，为有源头活水来。"君子文化是涵养社会主义核心价值观的重要源泉，既可以在新时代盛开传承创新的花朵，也可以让社会主义核心价值观引发民族文化的基因共鸣。我们要按照习近平总书记的要求，"古为今用，推陈出新，有鉴别地加以对待，有扬弃地予以继承"，做好君子文化的创造性转化和创新性发展，让社会主义核心价值观接上民族传统文化的根，使其更有渊源，更具活力。

弘扬君子文化，既要"照着讲"，又要"接着讲"，坚持"我注六经"和"六经注我"的结合。"照着讲"，能够溯本求源，明白古代圣贤的本初意蕴，去除后人的附会曲解，实现扬弃性的传承；"接着讲"，就是在把握经典本蕴的前提下，直面时代问题，反映时代要求，回应时代呼声，体现时代精神，实现君子文化的时代性转化。

君子文化能够实现这种时代性的转化，一是因为新的时代背景给君子文化的发展提出了新的问题和新的要求。二是君子文化具有与时俱进的品质，能够顺应时代要求，实现创新发展。

在君子培养目的上，培养全面发展、自由发展的人应该成为君子文化的时代目标和历史使命；在君子阶层范围上，当今社会平等，只要有"德"且有"格"，人人皆可为君子，君子文化既是精英文化，一定意义上也是大众文化；在君子理念内涵上也会有新的转化，比如天下观，当代君子不一定要平天下，但一定要和天下、济天下、善天下，和善天下是当代君子文化的最高境界。

"君子"是中华民族理想而现实、尊贵而亲切、高尚而平凡的人格形象。两千多年来，君子就像一把标尺，度量着每一个中国人的修己安人。"君子"既是一个伦理范畴，又是一个实践范畴。对君子的阐释与求索，既散落在典籍当中，也凝聚在生活之间。今天，我们弘扬君子文化，用君子的情怀和格局来提升人生境界，促进社会和谐，最重要的仍然是两个"合一"：一是知行合一，要明了做君子的"知"，更要践行做君子的"行"；二是情境合一，每个人要有做君子的愿望，全社会要有褒奖君子的氛围。

君子文化是中华民族特有的文化，也是几千年来推动中华文明生生不息的正能量和主旋律。新时代新使命新担当，党员干部应当学习君子文化，引领社会健康发展，实现中华民族伟大复兴。当今社会，文化交织，党员干部应主动承担起弘扬和践行中华优秀传统文化的责任和使命，在中华文化的正本清源、固本培元中发挥作用。每一位党员干部应自觉担负起弘扬君子文化的使命，在历史进步中实现文化进步，这是提升党员干部党性修养的内在要求。所谓君子，就是具有"植根于内心的修养，无需提醒的自觉，以约束为前提的自由，为别人着想的善良"美德的人。所谓"党性修养"，就是具有"讲政治、有信念；讲规矩、有纪律；讲道德、有品行；讲奉献、有作为"的政治素养。党员干部的党性修养体现了马克思主义的世界观、人生观、价值观。

大学，是传承君子文化的高地，是培养一代又一代君子的摇篮。在大学弘扬君子文化，最重要的就是倡导"读书读经典，做人做君子"。用"读经典"来立主脑，用做君子来定坐标，这样的人，一定是对人民、对国家、对社会、对世道人心有用有益的人。

在培养君子上，大学任重道远；在传承君子文化上，我们对大学寄予厚望。辜鸿铭曾认为中国文化的典型特质是"温良"，他说："中国人的温良，不是精神颓废的，被阉割的驯良。这种温良意味着没有冷酷、过激、粗野和暴力，即没有任何使诸位感到不快的东西。"❶

在孔门弟子的记忆里，孔子自己就是温良的化身，正所谓"夫子温良恭俭让"。在思想内涵上，所谓温良君子有这样几层意思：一是友善爱人，"君子尊贤而容众，嘉善而矜不能。我之大贤与，于人何所不容。"孔子尤其强调，君子应成人之美，而恶称人之恶。二是敦厚谦逊。"子曰：君子矜而不争，群而不党。"主张为人处事端庄持重，克己守礼，谦让圆融。孔子就盛赞"三让天下"的泰伯有"至德"，认为"礼让为国"是文明的要义。三是磊落真诚。"子曰：君子坦荡荡，小人长戚戚。"孔子鄙视"巧言、令色、足恭"的虚伪造作。四是"求达不求闻"，淡泊名利，远离浮嚣，注重闻道求义，关切修身养性，倾心立身成仁，追求"内圣"的内在超越。

温良君子，展现了人文化成的文明结晶，超越"交焉而争，睽焉而斗"的狂暴和凶残状态，显示出"吾日三省吾身"的理性成熟和圆融；体现了中华文化的"忠恕"精神，爱己爱人，遂己达人，突破唯我独尊意识，以一种平等心尊重和体谅对方；凸现了华夏文明的厚德载物情怀，推崇宽厚诚朴，摈弃刻薄巧佞，洋溢着敦柔润泽的中和之气。

人类追求正义或得益于后天教化，但根源是人的先天需要，因为人是社会性存在，正义是根本的维系力量。由此引出儒家君子文化的另一特性——"文质彬彬"。质以代兴，妍因俗易。人的

❶ 辜鸿铭著，黄兴涛等译，《辜鸿铭文集》，海南出版社，2000，第215页。

本质在不同的时代不断得到唤醒，其呈现形式因时代不同而有所变化。中华民族及其文化在历史中形成了自己的特质，如何传承此特质而呈现于世界，这是时代的挑战。今日谈儒家君子文化，既需要对自己的文化高度自觉、自信，又需有开放的视野，传承创新，和而不流。

谈正义，讲传承创新，但分歧与冲突在所难免，故又须讲儒家君子文化的第三义，"君子无所争，必也射乎"。人类的分歧与冲突虽然时难避免，但君子可以用坚持和平的方式对冲突与分歧予以面对与化解。

实现君子文化时代性转化的路径，就是要在传统文化和当代文化的碰撞中找到连接点；要在东方文明与西方文明的激荡中找到融合点；要在精英文化与大众文化的价值取向上找到兴奋点；要在理论探索与现实问题的结合上找准切入点，使君子文化成为新时代文化建设的重要载体，成为弘扬社会主义核心价值观的重要抓手。

继承和弘扬君子文化，对于"富强、民主、文明、和谐"国家层面价值观的实现，具有极为重要的引导作用。继承和弘扬君子文化，对于"自由、平等、公正、法治"社会层面价值观的实现，具有切实有效的促进作用。继承和弘扬君子文化，对于"爱国、敬业、诚信、友善"个人层面价值观的实现，具有直接有力的实践作用。君子文化彰显了中华优秀传统文化培育塑造的理想人格，展示了中华传统文化所崇尚的优秀道德。它倡导的人生价值，是以关爱社会、推进文明作为理想追求；它倡导的人生态度，是以遵德守法作为行为的取舍标准；它倡导的行为方式，是将自身道德完善与社会责任义务实现紧密结合在一起。君子文化是涵养社会主义核心价值观的重要源泉，在培育和践行社会主义核心价值观中具有重要作用。